Unternehmensbewertung

Bewertungsmethoden und -ansätze

Dr. Christian Zwirner

So nutzen Sie dieses Buch

Die folgenden Elemente erleichtern Ihnen die Orientierung im Buch:

Beispiele

In diesem Buch finden Sie zahlreiche Beispiele, die die geschilderten Sachverhalte veranschaulichen.

Definition

Hier werden Begriffe erläutert.

! Die Merkkästen enthalten die wichtigsten und zentralen Informationen.

Inhalt

Vorwort

Bewertungsfragen gehören zu den schwierigsten betriebswirtschaftlichen Themenkomplexen, mit denen Unternehmen und Privatpersonen in der täglichen Praxis und auch darüber hinaus konfrontiert sind. Ein Verständnis von den mit der Unternehmensbewertung einhergehenden Problemstellungen ist damit unerlässlich.

Die Bewertungsanlässe sind zahlreich und vielschichtig: von der klassischen Unternehmensnachfolge über den Kauf bzw. Verkauf von Unternehmen und Unternehmensteilen bis hin zu Umstrukturierungen wie Unternehmenszusammenschlüssen, Ausgliederungen oder Abspaltungen sowie zum Ein- oder Austritt von Gesellschaftern. Auch bilanzielle Fragestellungen wie die Abbildung des Unternehmenskaufs sowie die Beurteilung der Werthaltigkeit von Beteiligungen und des Geschäfts- oder Firmenwerts in der Bilanz machen eine (Unternehmens-)Bewertung erforderlich. In jüngster Zeit geraten zudem auch Angemessenheitsprüfungen von Transaktionen, insbesondere von Kauf- bzw. Verkaufspreisen („Fairness Opinion"), ins Blickfeld.

Allen Bewertungsanlässen gemeinsam ist, dass der Zweck der Bewertung im Vorfeld genau abzugrenzen ist. Denn in Abhängigkeit von der Bewertungsfunktion sind Entscheidungswerte (Beratungsfunktion), Argumentationswerte (Gutachterfunktion) oder aber Schiedswerte (Vermittlungsfunktion) zu ermitteln.

Mit dem Zweck der Bewertung einher geht auch die Wahl der Bewertungsmethode: Zu unterscheiden ist zwischen gesamtwertorientierten Bewertungsverfahren wie dem

Ertragswertverfahren nach IDW S 1 oder dem Discounted-Cashflow-Verfahren, die beide auf die abgezinsten zukünftigen Nettozuflüsse abstellen, einzelwertbasierten Verfahren wie Liquidations- oder Substanzwerten und marktwertbasierten (Vergleichs-)Verfahren wie Multiplikatoren, Börsenkursen oder Anteilsverkäufen.

Zwar kann es letztlich den einen richtigen Unternehmenswert nicht geben – zu individuell sind die an die Unternehmensbewertung gestellten Anforderungen und Erwartungen. Allerdings kann die Ermittlung eines Unternehmenswerts als Ausgangspunkt für weitere Überlegungen nur dann zutreffend gelingen, wenn die gängigen Bewertungsverfahren richtig angewendet werden und die mit der Unternehmensbewertung einhergehenden Problemstellungen erkannt werden. Das vorliegende Buch greift daher die in der Praxis regelmäßig auftretenden Fragestellungen auf und stellt die relevanten Bewertungsansätze und -methoden dar. Dabei werden die wichtigsten Berechnungsformeln durch Rechenbeispiele einfach erklärt.

Anregungen und Hinweise zu diesem Buch sind jederzeit per E-Mail an unternehmensbewertung@kleeberg.de willkommen.

München im September 2012

Dr. Christian Zwirner

Was bedeutet Unternehmensbewertung?

Einordnung der Unternehmensbewertung

Bewerten heißt vergleichen

Den absoluten und richtigen Wert eines Unternehmens kann es nicht geben. Dieser Tatsache muss sich jeder, der mit einer Unternehmensbewertung konfrontiert ist, bewusst sein. Vielmehr setzt die Bewertung eines Unternehmens oder von Unternehmensanteilen eine Wertfindung voraus, die sich nicht zuletzt aus Vergleichen mit alternativen Werten ergibt. Denn Bewerten heißt vergleichen. Es kommt also stets darauf an, den Bewertungszweck und den Bewertungsanlass im Blick zu haben. So unterschiedlich diese beiden Punkte sein können, so unterschiedlich sind auch die im Ergebnis ermittelten Unternehmenswerte.

Bewerten heißt vergleichen – damit sind Unternehmenswerte und Bewertungsmethoden immer vom Vergleichsmaßstab und damit beispielsweise von Anlass und Ziel der Bewertung abhängig. Mit anderen Worten: Den einen, richtigen Unternehmenswert gibt es nicht.

Funktionen der Unternehmensbewertung

Jede Unternehmensbewertung verfolgt ein bestimmtes Ziel und erfüllt eine bestimmte Funktion. Im Vorfeld muss die

Funktion der anzustellenden Bewertung klar abgegrenzt sein, denn nur dann kann die Unternehmensbewertung das leisten, was von ihr erwartet wird.

Als Funktionen für Unternehmensbewertungen kommen beispielsweise folgende in Betracht:

- **Entscheidungsfunktion**: Der Unternehmensbewerter ermittelt als Berater einen Wert für ein Unternehmen oder einen Unternehmensanteil. Dieser Wert dient dem Auftraggeber als Grundlage für Entscheidungen, beispielsweise den Kauf oder Verkauf.
- **Argumentationsfunktion**: Als neutraler Gutachter ermittelt der Unternehmensbewerter einen Wert, der einer oder beiden Parteien als Ausgangs- bzw. Argumentationsgrundlage dienen kann.
- **Vermittlungsfunktion**: In Konfliktsituationen ermittelt der Bewerter als Schiedsgutachter einen Wert, der bestenfalls zu einer Einigung zwischen den Parteien führt.

Anlässe der Unternehmensbewertung

Die Bewertungsanlässe und die mit einer Unternehmensbewertung verfolgten Zielsetzungen können ganz verschieden sein, z. B.:

- unternehmerische Initiativen
- bilanzielle Fragestellungen
- privatrechtliche Fragestellungen
- gesetzliche Bewertungsanlässe

Zu den Bewertungsanlässen im Zusammenhang mit **unternehmerischen Initiativen** gehören beispielsweise der Kauf oder Verkauf von Unternehmen oder Unternehmensteilen, Fusionen und Zusammenschlüsse von Unternehmen, Umwandlungen oder (Ab-)Spaltungen sowie Börsengänge, die Aufnahme von Kapital am Kapitalmarkt oder sog. Management-Buy-outs. In diesem Zusammenhang sind auch die Bewertungen i. S. v. IDW S 8 (sog. Fairness Opinions) zu nennen.

Unternehmerische Initiativen sind regelmäßig einmalige, individuelle Vorgänge. Unternehmensbewertungen lassen sich kaum oder nur sehr stark eingeschränkt standardisieren, da stets auf das individuelle Bewertungsobjekt und die mit der Transaktion verbundene Zielsetzung Bezug genommen werden muss.

Zu den **bilanziellen Anlässen** gehört beispielsweise die dem Unternehmenskauf nachgelagerte Kaufpreisallokation (also die Verteilung des gesamten Kaufpreises auf die einzelnen erworbenen Vermögensgegenstände und Schulden). Zudem erfordert die Bilanzierung immaterieller Werte regelmäßig die Überprüfung von deren Werthaltigkeit. In diesem Zusammenhang liefert IDW S 5 (als Standard im Zusammenhang mit der Bewertung immaterieller Werte) eine geeignete Grundlage. Die grundsätzliche Methodik zur Bewertung einzelner immaterieller Werte und ganzer Unternehmen oder von Unternehmensanteilen ist indes vergleichbar. Die Bilanzierung von Anteilen im Jahresabschluss (insbesondere Beteiligungen an Personen- oder Kapitalgesellschaften) oder der Ausweis von im Einzel- oder

Konzernabschluss aktivierten Geschäfts- oder Firmenwerten erfordern regelmäßig eine Überprüfung der Werthaltigkeit. Hierbei müssen nicht zwangsläufig zuerst Hinweise auf eine eingetretene Wertminderung vorliegen. Vielmehr sind die entsprechenden Werthaltigkeitsuntersuchungen regelmäßig vorzunehmen. Im Besonderen gilt dies beispielsweise für die Werthaltigkeitsprüfung von nach IFRS aktivierten Goodwills.

! Bilanzielle Bewertungsanlässe können sowohl vereinzelt als auch regelmäßig auftreten. Insbesondere die regelmäßigen, zum Bilanzstichtag notwendigen Werthaltigkeitstests lassen sich hierbei standardisieren. Zwar sind jeweils stichtagsbezogen die aktuellen relevanten Wertparameter zu berücksichtigen. Der grundsätzliche Aufbau der Bewertung kann indes standardisiert erfolgen, sodass die jährliche Bewertung vielfach auf den Vorjahresergebnissen aufbauend fortgeschrieben werden kann.

Zu den privatrechtlichen **Bewertungsanlässen** zählen beispielsweise die Bewertung von Gesellschaftsanteilen im Zusammenhang mit der Aufnahme oder dem Ausscheiden von Gesellschaftern. Abfindungsfragen im Familien- oder Erbrecht, Erbauseinandersetzungen oder Schiedsgerichtsverfahren stellen ebenfalls Anlässe für Unternehmensbewertungen oder die Bewertung von Unternehmensanteilen dar.

Privatrechtliche Bewertungsanlässe gehen häufig mit Konfliktsituationen einher. Zielsetzung der Unternehmensbewertung ist es hier, vermittelnde Werte zu finden, um den streitbehafteten Vorgang mit einem möglichst großen Konsens abzuschließen. Die Bewertung muss dabei stets auf die individuellen Verhältnisse der Parteien sowie auf den konkreten Bewertungsanlass abstellen, sodass sich eine Standardisierung regelmäßig kaum erreichen lässt.

Zu den **gesetzlichen Bewertungsanlässen** gehören verschiedene gesellschaftsrechtliche Regelungen, beispielsweise aktienrechtliche Squeeze-outs und Ein- oder Ausgliederungen, Barabfindungen oder Bewertungen im Zusammenhang mit Ausgleichszahlungen. Umwandlungsvorgänge wie Verschmelzungen oder Spaltungen erfordern ebenfalls regelmäßig die Bewertung von Unternehmen bzw. Unternehmensteilen. Neben gesellschaftsrechtlichen Anlässen sieht auch das Steuerrecht eine Unternehmensbewertung in Fällen von Erbschaften oder Schenkungen von Unternehmensanteilen vor.

Im Zusammenhang mit gesetzlichen Bewertungen müssen regelmäßig die individuellen Verhältnisse der mit dem Bewertungsanlass in Verbindung stehenden natürlichen und juristischen Personen berücksichtigt werden.

Schnittstelle Financial Due Diligence

Zwischen der (Financial) Due Diligence und der Unternehmensbewertung bestehen zahlreiche **Interdependenzen**. Allerdings dürfen die beiden Begriffe nicht synonym verwendet werden. Vielmehr setzt eine umfassende, ordnungsgemäße Unternehmensbewertung durch den Käufer in einem ersten Schritt die Durchführung einer ordnungsgemäßen (Financial) Due Diligence voraus. Mit anderen Worten: Die Financial Due Diligence liefert den für eine zutreffende Unternehmensbewertung notwendigen Input.

Je exakter und genauer eine solche Analyse ist und je detaillierter sich eine darauf aufsetzende Unternehmensbewertung mit einzelnen Szenarien auseinandersetzen soll, desto teurer und aufwendiger ist der Prozess. In der Praxis bietet es sich daher regelmäßig an, in einem ersten Schritt basierend auf einer Kurzanalyse des Unternehmens eine indikative Bewertung vorzunehmen. Auf diesen Ergebnissen aufbauend kann dann entschieden werden, ob und wie mit dem Bewertungsprozess weiter verfahren werden soll.

Anforderungen an die Nachvollziehbarkeit

Fach- und sachgerechte Unternehmensbewertungen sind das Ergebnis komplexer Berechnungen, basierend auf zahlreichen zueinander in Verbindung stehenden Annahmen. Es empfiehlt sich daher, den Gang der Unternehmensbewertung in einem aussagekräftigen Dokument offenzulegen und bei Bedarf zu kommunizieren. Dies gilt auch bei der Ermittlung eines subjektiven Entscheidungswerts. Ziel des Bewertungsgutachtens sollte sein, den Entscheidungsträgern das bewertungsrelevante Vorgehen und die der Bewertung dienenden Prognosen transparent zu machen.

Der konkrete **Aufbau eines Bewertungsgutachtens** ist gesetzlich nicht geregelt, was anerkanntermaßen auch wenig sinnvoll wäre. Es bietet sich beispielsweise folgende Grobgliederung an:

- Darstellung der Bewertungsaufgabe, des Bewertungsanlasses und des Bewertungszwecks
- Beschreibung des Bewertungsobjekts
- Darstellung der der Bewertung zugrunde liegenden Informationen (Vergangenheitsanalyse, Planungsrechnungen, Marktwerte etc.)
- Darstellung der gesonderten Bewertung des nicht betriebsnotwendigen Vermögens
- Darstellung der Bewertung des betriebsnotwendigen Vermögens
- Plausibilisierung des Bewertungsergebnisses

Die Plausibilisierung und nachvollziehbare Ableitung der Bewertungsergebnisse erhöht wesentlich die Akzeptanz und Verwendbarkeit der Unternehmensbewertung. Sie trägt neben einer klaren und nachvollziehbaren Gliederung des Bewertungsgutachtens mit nachvollziehbaren Annahmen zum Erfolg der Unternehmensbewertung bei.

Wertmaßstäbe und Parameter der Unternehmensbewertung

Zukunftsorientierung als zentrales Element

Unternehmenswerte stellen Beurteilungen hinsichtlich der künftigen Entwicklung dar. Lässt man ideelle Faktoren außer Acht, stellt der Unternehmenswert eine in quantitative Größen gegossene Zukunftserwartung dar. Es geht darum, künftige Entwicklungen in der Gegenwart abzubilden und monetär fassbar zu machen. Dem Grundsatz „Bewerten heißt vergleichen" folgend geht es also um den Vergleich eines heute jederzeit realisierbaren Werts mit einem auf den heutigen Stichtag abgezinsten Zukunftswert.

Der Unternehmenswert soll damit die **Zukunftserwartungen** abbilden und dem Kaufmann eine Information darüber geben, welchen Wert „sein" Unternehmen, die gehaltene Beteiligung oder ein mögliches Akquisitionsobjekt haben. Da im Wirtschaftsalltag Gewinne von morgen noch nicht heute zur Verfügung stehen und – nicht zuletzt inflations- und preisbedingt – Gewinne von morgen weniger wert sind als Gewinne in der Gegenwart, rückt die Abzinsung von Zukunftserwartungen (d. h. erwarteten Nutzenzuflüssen) ins Zentrum von Wertfindungen.

Bestehendes Vermögen soll dadurch mit erwarteten künftigen Zahlungsströmen vergleichbar gemacht werden. Nach herrschender Auffassung bestimmt sich der Wert eines Unternehmens grundsätzlich anhand des individuellen Nutzens, den der Eigentümer zukünftig aus dem Unternehmen ziehen kann. Dieser vom Unternehmen gestiftete Nutzen stellt sich durchaus vielfältig dar. Eingängig ist, dass ein Anteilsinhaber mindestens finanziellen Nutzen, z. B. in Form von Gewinnausschüttungen, Entnahmen und Verkaufserlösen für Unternehmensanteile, erwartet. Darüber hinaus kommen aber auch nicht finanzielle Nutzenbestandteile in Betracht, etwa Prestige, Macht und emotionale Bindungen zum Unternehmen. Diese vielfach ideellen Nutzenbestandteile sind jedoch nicht oder nur schwer quantifizierbar und lassen sich deshalb in der Bewertungspraxis nicht greifen.

Ziel der Unternehmensbewertung ist es, eine Ausgangsgröße für an die Bewertung anknüpfende Entscheidungen zu liefern.

> Wichtige Ziele von Unternehmensbewertungen in der Praxis sind die Kaufpreis- bzw. Transaktionspreisfindung und die Werthaltigkeitsuntersuchung.

Dies vorangestellt wird klar, dass nahezu jede unternehmerische Entscheidung und wirtschaftliche Beurteilung Wertungen und damit Bewertungen erfordert. Ein typisches Beispiel stellt der Unternehmenskauf dar. Jeder Unternehmenskauf erfordert zu Zwecken einer angemessenen Kaufpreisfindung im Regelfall eine Unternehmensbewertung. Indes muss zwischen Unternehmenswert und dem letztlichen Transaktionspreis unterschieden werden, da neben dem eigentlichen Wert des Unternehmens auch weitere (kaum oder nur schwer quantifizierbare) Aspekte zu berücksichtigen sind.

! Unternehmenswerte stellen quantifizierte, in monetäre Größen gefasste Zukunftserwartungen dar.

Mit der Fokussierung auf den zukünftigen finanziellen Nutzen geht auch die anzuwendende Bewertungsmethodik einher. Der Wert eines Unternehmens basiert demnach auf einer Gesamtbewertung des Zukunftserfolgs (Ertrags- bzw. DCF-Wert; DCF = Discounted Cashflow), d. h. auf den zukünftigen finanziellen Überschüssen, die durch die Kombination bestimmter Vermögensgegenstände entstehen. Eine schlichte Addition der Werte der einzelnen Vermögensgegenstände (Substanzwert) liefert i. d. R. keine verlässliche Größe für die Entscheidungsfindung.

Unternehmenswert als Gesamtwert

Der Unternehmenswert ist regelmäßig größer als die Summe aller Einzelwerte und Schulden. Wesentliches Element der Unternehmensbewertung ist die Ermittlung eines **Gesamtunternehmenswerts**. Mit anderen Worten: Der Unternehmenswert stellt einen Gesamtwert dar.

Der Gesamtwert ist dabei mehr als die bloße Summe der Einzelwerte. Diesen Effekt kann man am besten als „1 + 1 = 3-Effekt" beschreiben. Das liegt an der Verbindung der einzelnen Vermögenswerte und Schulden sowie an der Realisierung von bestehenden Synergien zwischen den Einzelwerten. Synergien können in diesem Zusammenhang durch den Zusammenschluss von zwei oder mehreren Unternehmen, aber auch durch die Kombination verschiedener Vermögensgegenstände, Prozesse, Abläufe und dergleichen realisiert werden. Sie sind damit sowohl beim Kauf ganzer Unternehmen als auch beim Erwerb von Unternehmensteilen zu berücksichtigen. Es ist zwischen echten und unechten Synergien zu unterscheiden.

Unechte Synergieeffekte können auch ohne die Durchführung der dem Bewertungsanlass zugrunde liegenden Maßnahme realisiert werden. Beispiele für unechte Synergien sind:

- Ausnutzung von Größeneffekten, Skaleneffekten
- verbessertes Cashmanagement
- Marktmacht
- Kostenreduktion durch Zusammenlegung einzelner Bereiche
- Nutzung von steuerlichen Verlustvorträgen

Im Gegensatz zu unechten Synergien lassen sich **echte Synergieeffekte** erst mit Durchführung der dem Bewertungsanlass zugrunde liegenden Maßnahmen realisieren. Beispiele für echte Synergien sind:

- Steigerung der Gewinne durch verbilligte Einkaufspreise aufgrund von Rahmenverträgen oder einer zunehmenden Marktmacht
- Erschließung neuer Absatzmärkte und Vertriebskanäle
- Know-how-Transfer
- Ergänzung des Produktportfolios
- Kooperationen im Bereich Forschung und Entwicklung

Die Unterscheidung zwischen echten und unechten Synergien im Zusammenhang mit der Unternehmensbewertung ist wichtig. So erfordert eine objektivierte Bewertung die Berücksichtigung aller unechten Synergien, während bei einer subjektiven Wertfindung zusätzlich alle echten Synergien, die beispielsweise der potenzielle Käufer im Anschluss an die Transaktion realisieren kann, zu berücksichtigen sind.

Beispiel zur Berücksichtigung von Synergien bei der Unternehmensbewertung

Die Milch GmbH plant den Erwerb der Butter GmbH. Durch die Erweiterung ihres Produktportfolios und die Erschließung neuer Absatzmärkte geht die Milch GmbH von einer Wertsteigerung nach der Transaktion i. H. v. 2,0 Mio. Euro aus.

Der Unternehmenswert der Butter GmbH ohne Berücksichtigung der Synergien beträgt 3,0 Mio. Euro. Aufgrund von Kosteneinsparungen erwartet die Milch GmbH eine zusätzliche Wertsteigerung von rd. 0,5 Mio. Euro auf Ebene der Butter GmbH, weil bislang dort angesiedelte Prozesse ersatzlos wegfallen können.

Der objektivierte Unternehmenswert der Butter GmbH berücksichtigt nur die unechten Synergien (Kosteneinsparungen) und beträgt 3,5 Mio. Euro. Der subjektive Wert der Butter GmbH aus Sicht der Milch GmbH beträgt 5,5 Mio. Euro.

Objektivierter versus subjektiver Unternehmenswert

In Abhängigkeit von Funktion und Anlass der Unternehmensbewertung stellt sich die objektivierte oder subjektive Wertfindung dar. Während es Zielsetzung einer objektivierten Unternehmensbewertung ist, einen für die Parteien nachvollziehbaren Wert zu ermitteln, stellt eine subjektive Unternehmensbewertung allein auf individuelle Sichtweisen, Annahmen und Erwartungen ab.

Beispiel für einen objektivierten Unternehmenswert

Im Rahmen eines Squeeze-outs sollen die Minderheitsaktionäre der A-AG eine angemessene Barabfindung erhalten. In diesem Zusammenhang wurde Wirtschaftsprüfer Willi Wichtig beauftragt, einen objektivierten Unternehmenswert zu ermitteln. Die Unternehmensbewertung von Willi Wichtig dient der Ermittlung der an die ausscheidenden Aktionäre zu zahlenden Barabfindung.

Beispiel für einen subjektiven Unternehmenswert

Die Milch AG ist mehrheitlich an der Honig GmbH beteiligt. Die Anschaffungskosten für die Beteiligung belaufen sich auf 100.000 Euro. Aufgrund eines Lebensmittelskandals ist die Honig GmbH indes in Schwierigkeiten geraten. Die Milch AG überprüft die Werthaltigkeit der Beteiligung zum 31.12. für Zwecke der Bilanzierung. Dabei hat sie auch subjektive Faktoren, beispielsweise Synergien, die sie künftig bei der Honig GmbH realisieren kann, zu berücksichtigen. Die Bewertung der Honig GmbH hat alle individuellen Faktoren zu berücksichtigen.

Der wesentliche Unterschied zwischen einem objektivierten und einem subjektiven Unternehmenswert liegt in der Berücksichtigung von echten bzw. unechten Synergien. Während echte Synergien unabhängig vom konkreten Bewertungsanlass und den betrachteten Parteien jederzeit vom zu bewertenden Unternehmen realisierten werden können, können echte Synergien nur individuell von einer Partei und regelmäßig aufgrund bewusster Entscheidungen und Gestaltungen realisiert werden.

Abgrenzung des Bewertungsobjekts

Für jede Unternehmensbewertung ist es erforderlich, das Bewertungsobjekt genau abzugrenzen und exakt zu definieren. So kann sich eine Unternehmensbewertung auf die Bewertung eines gesamten Unternehmens oder auch nur auf Unternehmensteile oder sogar Teilkonzerne beziehen. Hierbei spielen Fragen der Rechtsform des zu bewertenden Unternehmens(teils) ebenso eine Rolle wie in- und ausländische, steuerliche und gesellschaftsrechtliche Regelungen.

Eine Unternehmensbewertung kann nur dann zu sinnvollen Ergebnissen führen, wenn von Anfang an klar ist, was genau bewertet werden soll und um welches „Mengengerüst" es sich handelt.

Beispiele für relevante **Differenzierungsmerkmale** sind:

- Rechtsform des zu bewertenden Unternehmens (Kapitalgesellschaft versus Personengesellschaft)
- Umfang der Bewertung bzw. Größe des Bewertungsobjekts: Unternehmen oder (Teil-)Konzern

- Berücksichtigung von Branchenspezifika: Auswirkungen branchenspezifischer Besonderheiten wie beispielsweise langfristiger Entsorgungs- oder Altlasten, Bedeutung von Forschung und Entwicklung
- Fehlende Fungibilität der Anteile: Unterliegen die zur Veräußerung stehenden Anteile bestimmten Veräußerungsrestriktionen (z. B. lt. Gesellschaftsvertrag), sind ggf. entsprechende Wertabschläge zu berücksichtigen.
- Berücksichtigung eines Paketzuschlags, wenn durch die Transaktion beispielsweise die Mehrheit an einem Unternehmen erworben wird und damit stärkere Kontroll- und Mitspracherechte einhergehen

Für jede Unternehmensbewertung sind neben den allgemeinen Regelungen zur Unternehmensbewertung und dem Rückgriff auf praxisübliche Bewertungsmethoden die Besonderheiten des Bewertungsobjektes zu beachten.

Äquivalenzprinzip der Unternehmensbewertung

Der Grundsatz „Bewerten heißt vergleichen" erfordert es, dass die miteinander zu vergleichenden Größen auch vergleichbar sind. Ansonsten scheitert eine Unternehmensbewertung bereits an der umgangssprachlichen Problemstellung „Äpfel mit Birnen zu vergleichen".

Im Rahmen von Unternehmensbewertungen wird die Vergleichbarkeit der einzelnen Größen durch das **Äquivalenzprinzip** sichergestellt. Da Unternehmenswerte monetäre

Größen sind und stets auf Zahlungsströme und Barwerte Bezug nehmen, müssen die miteinander zu vergleichenden Cashflows bzw. Erträge äquivalent sein.

Unterstellt man als einfache Formel der Barwertbetrachtung, dass die Cashflows bzw. Erträge im Zähler und der Abzinsungs-/Kapitalisierungszinssatz im Nenner stehen, so muss darauf geachtet werden, dass die Annahmen bei der Ermittlung von Zähler und Nenner gleichwertig, also äquivalent sind.

Die wesentlichen Äquivalenzanforderungen sind die folgenden:

- Laufzeitäquivalenz
- Risikoäquivalenz
- Steueräquivalenz
- Ausschüttungsäquivalenz
- Kaufkraftäquivalenz

Die **Laufzeitäquivalenz** stellt sicher, dass die miteinander zu vergleichenden Zahlungsströme mit einem Kapitalisierungszinssatz abgezinst werden, der auch der Laufzeit der Zahlungsströme entspricht. So sind bei zeitlich eng begrenzten Zahlungsstromzeiträumen die entsprechenden laufzeitadäquaten Zinssätze zu verwenden. In der Praxis nimmt die Unternehmensbewertung regelmäßig auf die unbegrenzte Lebensdauer des Unternehmens Bezug. Der anzuwendende Kapitalisierungszinssatz (Basiszinssatz) ist üblicherweise aufgrund der Zinsstrukturkurve der Deutschen Bundesbank zu ermitteln, die die verschiedenen Laufzeiten widerspiegelt.

Unsichere Erträge und Cashflows sind mit einem ihrer Unsicherheit bzw. dem ihnen zuzurechnenden Risiko entsprechenden Zinssatz abzuzinsen. Sowohl im Zähler als auch im Nenner muss das Risiko gleichermaßen berücksichtigt werden (**Risikoäquivalenz**). In der Bewertungspraxis erfolgt hierbei die Berücksichtigung des Risikos regelmäßig im Nenner durch einen Risikozuschlag auf den Kapitalisierungszinssatz.

Sofern bei der Ermittlung der abzuzinsenden Größen die Steuerbelastung berücksichtigt wurde, muss dies auch bei der Bestimmung des Kapitalisierungszinssatzes erfolgen. Nur eine gleichlautende Berücksichtigung von Steuerbelastungen (**Steueräquivalenz**) im Zähler und im Nenner stellt sicher, dass ein zutreffendes Bewertungsergebnis erzielt wird. In der Praxis der Unternehmensbewertung wird zur Berücksichtigung von Steuern bei der Ermittlung des Kapitalisierungszinssatzes zwischen der mittelbaren Typisierung (d. h. keine Berücksichtigung von persönlichen Ertragsteuern) und der unmittelbaren Typisierung (d. h. Berücksichtigung von persönlichen Steuern auf Ebene des Anteilseigners) unterschieden. Die Berücksichtigung von Steuern – sowohl bei der Ermittlung der Überschüsse als auch beim Zinssatz – richtet sich hierbei auch nach der Ausprägung des zu ermittelnden Unternehmenswerts (subjektiv versus objektiviert) bzw. nach dem Bewertungsanlass.

Die Ermittlung von abzuzinsenden Überschüssen erfordert Annahmen hinsichtlich der Ausschüttungs- bzw. Thesaurierungspolitik. Für die Unternehmensbewertung sind allein die Überschüsse relevant, die auch in den Verfügungsbereich des Anteilseigners gelangen. Insoweit sind für die

Ausschüttungsäquivalenz Annahmen hinsichtlich der Wiederanlage thesaurierter Beträge bzw. hinsichtlich der Besteuerung solcher Wertzuwächse beim Anteilseigner zu treffen. In der Bewertungspraxis erfolgt regelmäßig die Annahme, dass thesaurierte Beträge kapitalwertneutral angelegt werden. Damit beeinflussen sie den Unternehmenswert nicht.

Die **Kaufkraftäquivalenz** bringt zum Ausdruck, dass beispielsweise inflationsbedingte Wertsteigerungen bei der Ermittlung künftiger Zahlungsströme zu berücksichtigen sind. Sofern für Zwecke der Bewertung von einem Wachstum der Überschüsse auszugehen ist, wird in der Praxis regelmäßig auf die Nominalrechnung abgestellt. Einerseits wird Wachstum bei der Ableitung der Überschüsse, insbesondere im Übergang auf die langfristig angenommenen Beträge (sog. ewige Rente, Terminal Value), wie auch im Kapitalisierungszinssatz berücksichtigt. Während die Überschüsse nominal um eine bestimmte Wachstumsgröße erhöht werden, erfolgt beim Kapitalisierungszinssatz ein Wachstumsabschlag.

> **!** Die zutreffende Ermittlung von Unternehmenswerten setzt voraus, dass die Äquivalenzgrundsätze bei der Ermittlung sowohl der abzuzinsenden Überschüsse als auch des Kapitalisierungszinssatzes beachtet werden.

Unternehmenswerte und (Markt-)Preise

Marktpreisbildung

Einen typischen Anlass für eine Unternehmensbewertung stellen Preisfindungen dar. Sowohl Käufer als auch Verkäufer wollen durch eine Bewertung des Unternehmens bzw. ihrer Unternehmensanteile eine Wertvorstellung erhalten. Die Unternehmensbewertung gilt als Ausgangspunkt der Preisfindung.

Dabei ist zu beachten, dass Wert nicht mit Preis gleichzusetzen ist. Werte resultieren aus der subjektiven Nutzeneinschätzung eines Einzelnen. Preise sind hingegen in Geldeinheiten bezifferte Tauschwerte, die das Einigungsergebnis mindestens zweier an der Transaktion beteiligter Vertragsparteien ausdrücken. Sie entstehen im Schnittpunkt von Angebot und Nachfrage auf Kapitalmärkten. Selbstverständlich haben Wert und Preis eines Gutes eine Verbindung zueinander. Sollten tatsächlich alle Wirtschaftssubjekte einem Gut den identischen Wert zuordnen, gibt es keinen Anreiz mehr, über den Preis des Gutes zu verhandeln. Ein Gut zu verkaufen lohnt sich nur dann, wenn der verhandelte Preis oberhalb der subjektiven Mindestwerteinschätzung des Verkäufers liegt. Die gleichen Überlegungen, wenn auch mit umgekehrten Vorzeichen, stellt der Käufer an. So wird sich ein potenzieller Investor für das Investitionsobjekt Unternehmen nur dann interessieren, wenn der mit dem Verkäufer minimal verhandelbare Preis nicht höher als der von seinen subjektiven Erwartungen geprägte Unternehmenswert (Grenzpreis) ist.

! Wert und Preis eines Unternehmens sind nicht gleichzusetzen. Während der Wert des Unternehmens von Käufer und Verkäufer aufgrund subjektiver Einschätzungen unterschiedlich beurteilt werden kann, ist der Preis letztlich Abbild der Marktverhältnisse und (auch) Ausdruck des Verhandlungsgeschicks der Parteien.

Bei der Wertermittlung im Rahmen einer Transaktion ist zwischen der Sicht des Käufers und der des Verkäufers zu unterscheiden. Auf der einen Seite sucht der Käufer nach der Obergrenze seines **Verhandlungskorridors**, also nach dem Grenzpreis, den er maximal zu zahlen bereit ist. Denn er erleidet bei einem Kaufpreis, der seinen individuellen Grenzpreis übersteigt, Vermögenseinbußen, sodass er nur Kaufpreise unterhalb bzw. maximal in Höhe seines Grenzpreises akzeptieren wird.

Auf der anderen Seite sucht der Verkäufer nach einem Grenzpreis, der bei ihm die untere Grenze seines Verhandlungskorridors markiert. Dieser Grenzpreis kann sich aus rein subjektiven Erwägungen ergeben. Wenn der Verkäufer keine ideelle Ziele in seine Beurteilung einfließen lässt, sondern wirtschaftlich rational handelt, liegt der Grenzpreis bei dem Betrag, bei dessen Unterschreiten es für den Veräußerer sinnvoller ist, das Unternehmen zu behalten und nicht zu veräußern.

Zu einer Transaktion kommt es grundsätzlich dann, wenn der (obere) Grenzpreis des Käufers den (unteren) Grenzpreis des Verkäufers übersteigt, d. h. wenn insofern Verhandlungspotenzial gegeben ist. Die beiden Parteien werden sich dann – in Abhängigkeit vom individuellen

Kräfteverhältnis bzw. Verhandlungsgeschick – auf einen Wert innerhalb dieses Verhandlungskorridors einigen und sich somit die finanziellen Vorteile (Kauf- bzw. Verkaufspreis unter- bzw. überschreitet Grenzpreis) aufteilen. Umgekehrt unterbleibt eine Transaktion, wenn der Verkäufer mehr verlangen muss, als der Käufer zu zahlen bereit ist. Denn so ist für beide Parteien die Transaktion wertvernichtend.

Die Preisfindung, die dem Unternehmenskauf letztlich zugrunde liegt, unterliegt den individuellen Interessen und Entscheidungen von Käufer und Verkäufer. Die Preisfindung erfolgt regelmäßig im Rahmen der Wertvorstellung und Preiskorridore von Käufer und Verkäufer. Nur wenn sich hier Überschneidungen ergeben, kann schließlich ein Preis gefunden werden, zu dem beide Parteien bereit sind, die Transaktion durchzuführen.

Fehlender Preiseinigungskorridor

Sinnvoll – und in der Praxis gar nicht selten anzutreffen – ist bei Verhandlungen, die sich festzufahren drohen, die Einschaltung eines (neutralen) Dritten. Dieser Dritte kann selbst entweder Fachmann sein und eine „objektivierte" Unternehmensbewertung durchführen. Hat der Dritte gegenüber beiden Parteien genügend Autorität und Glaubwürdigkeit, wird es ihm – ähnlich einer Schlichtung bei Tarifverhandlungen im Bereich des Arbeitsrechts – gelingen, eine vermittelnde Lösung vorzuschlagen. Der Unternehmensbewerter tritt hierbei in seiner Funktion als neutraler Gutachter auf.

> **!** Unternehmensbewertungen können dazu dienen, eine Grundlage zur Preisfindung zwischen den Parteien bei einem ansonsten fehlenden Preiskorridor zu schaffen.

Indikatorfunktion von Preisen

Preise können auf der Grundlage von Unternehmensbewertungen gebildet werden. Es stellt sich die Frage, ob umgekehrt auch Unternehmenswerte auf der Grundlage von Preisen bestimmt werden können. Dies ist letztlich zu verneinen, denn Preise haben für die Wertermittlung lediglich eine **Indikatorfunktion**, weil auf die Preisbildung einwirkende Einflüsse nicht zwingend auf den Unternehmenswert ausstrahlen. So kann die Konstellation geringerer Unternehmenspreis/höherer Unternehmenswert aus einem temporären Überangebot an vergleichbaren Unternehmen resultieren, die umgekehrte Konstellation hingegen auf einem temporären Mangel an angebotenen Unternehmen. Derartige Angebots- oder Nachfrageüberhänge, z. B. von Wertpapieren, führen gegebenenfalls zu volatilen Kursbewegungen, für die eine auf Zukunftserwartungen aufbauende Unternehmensbewertung keine plausible Begründung zu geben vermag, was beispielsweise die Entwicklungen an der Börse seit Ausbruch der jüngsten Finanzkrise eindrucksvoll belegen. Weitere unternehmenswertneutrale, aber durchaus preisbildende Faktoren ergeben sich aus Informationsvorteilen, psychologischen

Momenten und Zwangssituationen. Trotz der vorstehenden Einschränkungen können Preise wichtige Hinweise für Unternehmenswerte liefern.

Verfahren der (vereinfachten) Preisfindung

Sinn und Zweck vereinfachter Bewertungen

Typischerweise sind Unternehmenswerte Ergebnisse von Unternehmensbewertungen. Allerdings muss in diesem Zusammenhang beachtet werden, dass es ebenso wenig, wie es den einen Unternehmenswert gibt, die eine Form der Unternehmensbewertung gibt. Vielmehr gibt es zahlreiche Unternehmensbewertungsverfahren und vereinfachte Wertermittlungsmethoden (**Methodenvielfalt**).

Mit Blick auf die Bewertung kleinerer und mittelgroßer Unternehmen erfolgt in der Praxis vielfach eine Unternehmensbewertung auf der Grundlage vereinfachter Preisfindungen. Allerdings können solche Bewertungen keine umfassende Unternehmensbewertung ersetzen. Sie können allenfalls indikative Wertermittlungen liefern und beispielsweise der Plausibilitätskontrolle dienen.

Formen der vereinfachten Preisfindung können sein:

- Bewertung aufgrund von Multiplikatoren (z. B. Umsatz- oder EBIT-Multiples)
- Ableitung von Unternehmenswerten aufgrund von Vergleichstransaktionen

- Ableitung des Unternehmenswerts vom Börsenkurs bzw. der Marktkapitalisierung
- Bewertung des Unternehmens durch Multiplikation des nachhaltig erwarteten Ergebnisses mit einem Faktor

> **!** Eine vereinfachte Unternehmensbewertung mittels eines Faktors 10 bzw. 12 drückt auf der Grundlage eines nachhaltig erwarteten Ergebnisses eine erwartete Verzinsung von 10,00 % bzw. 8,33 % aus.

In der Praxis kommen verschiedene **Daumenregeln** zur Unternehmensbewertung zur Anwendung. Hierbei ist regelmäßig den bewertungsspezifischen Merkmalen wie beispielsweise anerkannten Branchen-Multiples Rechnung zu tragen.

Multiplikatorverfahren

Bei der Auswahl der Bezugsgröße ist grundsätzlich auf die Anwendbarkeit des daraus resultierenden Multiplikators zu achten. Denn sofern sich das Problem ergibt, dass ein Unternehmen z. B. keine Gewinne erwirtschaftet – was etwa dann der Fall sein kann, wenn sich das in Rede stehende Vergleichsunternehmen in einem frühen Entwicklungsstadium befindet –, erweist sich beispielsweise die Bezugsgröße Jahresüberschuss als nicht zweckmäßig, weil negative Multiplikatoren produziert würden. Es empfiehlt sich ein Ausweichen auf Bezugsgrößen, die keine negativen Werte annehmen können, was z. B. für Umsatzerlöse oder in Bezug auf den Buchwert des Eigenkapitals der Fall ist.

Derartige Vergleichsgrößen können wertvolle Hinweise hinsichtlich der Plausibilisierung des Bewertungsergebnisses geben. Liegen beispielsweise große Abweichungen zwischen dem nach dem Ertragswertverfahren oder dem gemäß DCF-Verfahren ermittelten Unternehmenswert und dem „Marktwert" des Unternehmens vor, ist zu hinterfragen, was hierfür ursächlich sein kann. Eine abweichende Risikoeinschätzung des Marktes (beispielsweise wenn die Marktkapitalisierung deutlich geringer ist als der ermittelte Unternehmenswert) kann wichtige Hinweise auf eine veränderte Risikobeurteilung und damit auf die **Anpassungsnotwendigkeit** der vorgenommenen Planung oder weiterer bewertungsrelevanter Annahmen geben. Allerdings ist die Marktkapitalisierung vor dem Hintergrund oftmals nur in geringem Umfang gehandelter Aktien in vielen Fällen nicht aussagekräftig.

> Multiplikatorverfahren unterstellen, dass die jeweilige Bezugsgröße und der Marktwert des Vergleichsbetriebs in einem linearen Verhältnis zueinanderstehen und dass dieses Verhältnis ebenso linear auch für das zu bewertende Unternehmen gilt und auf dieses übertragbar ist. Dies stellt gleichzeitig die große Schwäche von Multiplikatoren dar. Denn in der Praxis sind Unternehmen nur selten vergleichbar.

Multiplikatoren lassen sich nicht nur nach der Bezugsgröße ordnen, sondern auch nach der gesuchten Größe. Die

Praxis unterscheidet beispielsweise die folgenden Multiplikatoren:

- Equity-Value-Multiplikatoren
- Enterprise-Value-Multiplikatoren
- Goodwill-Multiplikatoren

Verwendet der Bewerter Enterprise-Value-Multiplikatoren, muss er zur Ermittlung des Marktpreises des Eigenkapitals vom Unternehmenswert noch den Marktpreis des zinstragenden Fremdkapitals abziehen. Die Anwendung des Equity-Value-Multiplikators führt hingegen direkt zum Marktpreis des Eigenkapitals.

Vorteilhaftigkeit von Multiplikatorverfahren

Die auf der Diskontierung zukünftiger finanzieller Überschüsse aufbauenden Bewertungsverfahren setzen eine Planung der künftigen finanziellen Überschüsse voraus. Jede darauf aufbauende Unternehmensbewertung führt nur in dem Umfang zu wertvollen und richtigen Ergebnissen, wie die prognostizierten Kapitalisierungsgrößen fachgerecht ermittelt wurden. Kleine und mittlere Unternehmen scheuen oft den Planungsaufwand oder sind nicht in der Lage, intern personelle und/oder technische Ressourcen zur Anfertigung auswertbarer Planungsrechnungen bereitzustellen.

Eine Unternehmensbewertung nach IDW S 1 fordert aber auch in diesen Fällen die Anwendung von Ertragswert- oder DCF-Verfahren und damit die Bezugnahme auf zuverlässige Planungsunterlagen. Ungeachtet der theoretischen

Überlegenheit der auf dem Kapitalwertkalkül beruhenden Bewertungsverfahren darf aber nicht verkannt werden, dass sich in der Praxis gerade bei Veräußerungen von kleinen und mittleren Unternehmen subjektive Entscheidungswerte an Multiplikatoren orientieren.

Ein weiteres Einsatzgebiet sollte sich für Multiplikatorverfahren ergeben, wenn für **junge Unternehmen**, die zwangsläufig über keinen wirklich geeigneten Datensatz an historisch wertvollen Daten verfügen, eine Prognose finanzieller Überschüsse nicht aus der Vergangenheit ableitbar ist. In der Bewertungspraxis wird man die Prognose ohne Vergangenheitskontrolle jedoch scheuen. Besondere Vorsicht ist auch geboten, wenn Unternehmensbewertungen auf der Basis von Ertragswert- oder DCF-Verfahren zu Werten gelangen, bei denen ein positiver Barwert der ewigen Rente ausschließlich negativen Barwerten aus einer mehrjährigen Detailplanungsphase gegenübersteht. In einem solchen Fall sind Multiplikatorverfahren wohl zu bevorzugen.

Unternehmensbewertungen mittels Multiplikatoren stellen in einzelnen Fällen Alternativen zur Bewertung auf der Basis kapitalisierter Überschüsse dar. **!**

Vergleichstransaktionen und Börsenkurse

Neben der Plausibilisierung des Unternehmenswerts über Multiplikatoren können auch Marktwerte in Form von Vergleichstransaktionen am Markt, früheren Bewertungsgutachten sowie – bei börsennotierten Unternehmen – Angaben zur Marktkapitalisierung als Plausibilisierungsmaßstab dienen. Allerdings gelangt auch diese Methode der vereinfachten Wertfindung schnell an ihre Grenzen, da in der Praxis Unternehmen regelmäßig nur eingeschränkt miteinander vergleichbar und Vergleichspreise daher nur in engen Grenzen aussagefähig sind.

Sofern aktuelle Unternehmensbewertungen vorliegen, sind die Bewertungsergebnisse anhand von Marktdaten zu plausibilisieren bzw. frühere Unternehmensbewertungen sind plausibel auf aktuelle Wertfindungen überzuleiten.

Praktiker- und Daumenregeln

Schließlich können zur Plausibilisierung von Unternehmenswerten indikative „Faustregeln" herangezogen werden. Insbesondere bei der Bewertung mittelständischer Unternehmen, für die keine Marktpreise vorliegen oder für die sich kaum vergleichbare Unternehmen finden, kann eine Beurteilung der nachhaltigen finanziellen Überschüsse mit einem Faktor erfolgen.

In der Praxis wird als erste indikative Bewertung eine Multiplikation des nachhaltigen Ergebnisses mit einem Faktor zwischen 6 (konservativ/vorsichtig) und 12 (optimistisch) vorgenommen.

! Die Bewertung mittelständischer Unternehmen erfolgt in der Praxis vielfach auf der Basis von Kapitalisierungsfaktoren, die auf eine nachhaltige Ergebnisgröße angewandt werden.

Ertragswertverfahren nach IDW S 1

Vorbemerkungen

Das Ertragswertverfahren nach dem IDW-Standard „Grundsätze zur Durchführung von Unternehmensbewertungen" (IDW S 1 i. d. F. 2008) stellt ein Verfahren zur Bewertung von Unternehmen dar. Dabei dient der IDW S 1 als verbindlicher Leitfaden zur Erstellung von (objektivierten) Unternehmensbewertungen für den Berufsstand der Wirtschaftsprüfer in Deutschland.

Grundlage der Unternehmensbewertung in Deutschland stellt regelmäßig das Ertragswertverfahren dar, das in IDW S 1 umfassend beschrieben wird. !

Gemäß IDW S 1 kann der Wirtschaftsprüfer bei der Bewertung von Unternehmen in drei Funktionen tätig werden:

- In der Funktion des **neutralen Gutachters** wird der Wirtschaftsprüfer als Sachverständiger im Rahmen der Kommunikationsfunktion tätig, der einen objektivierten Unternehmenswert ermittelt. Dieser objektivierte Unternehmenswert ergibt sich als ein von den individuellen Wertvorstellungen der betroffenen – vielfach konfligierenden – Parteien sowie deren Annahmen über die Zukunft des Unternehmens unabhängiger Wert im Sinne eines intersubjektiv nachprüfbaren, typisierten Zukunftserfolgswerts.
- Als **Schiedsgutachter oder Vermittler** wird der Wirtschaftsprüfer im Rahmen der Vermittlungsfunktion tätig,

wenn die subjektiven Wertvorstellungen der beteiligten Konfliktparteien voneinander abweichen und der Wirtschaftsprüfer unter Berücksichtigung der unterschiedlichen subjektiven Wertvorstellungen der Parteien einen Einigungswert feststellt (Schiedsgutachter) oder vorschlägt (Vermittler).

- Im Rahmen des Unternehmenskaufs beispielsweise agiert die Person, welche die Unternehmensbewertung durchführt, als **Berater**, sodass der Wirtschaftsprüfer einen subjektiven Entscheidungswert im Rahmen der Beratungsfunktion ermittelt, der sich beispielsweise als Preisobergrenze (Preisuntergrenze) für einen potenziellen Käufer (Verkäufer) eines Unternehmens unter bewusster Berücksichtigung der individuellen Gegebenheiten ergibt.

Betriebsnotwendiges und nicht betriebsnotwendiges Vermögen

Der Unternehmenswert im Sinne eines Ertragswerts wird mithilfe der Kapitalwertmethode als Barwert der zukünftigen finanziellen Überschüsse des Unternehmens ermittelt. Im Unterschied zur herkömmlichen Investitionsentscheidung, bei der mit gegebener Investitionsauszahlung und (unsicheren) künftigen Cashflows der Kapitalwert als Nutzenzuwachs i. S. v. Konsumzuwachs gegenüber einer Alternativanlage berechnet wird, liegt der Unternehmensbewertung ein Grenzpreiskalkül dergestalt zugrunde, dass der maximale Kaufpreis bzw. der minimale Verkaufspreis gesucht wird, bei dem sich ein Akteur gegenüber einer Nichtdurchführung der Transaktion finanziell nicht schlechterstellt. Ermittelt wird also der Betrag, der den Kapitalwert gleich null setzt (Grenzpreis), sodass eine Indifferenz zwischen Durchführung der unternehmerischen Initiative und deren Nichtdurchführung besteht.

Ein positiver Unternehmenswert ergibt sich dann, wenn die mit der Transaktion verbundenen künftigen Erträge die mit ihr zusammenhängenden Aufwendungen (inkl. der Anschaffungskosten) übersteigen. Hierbei werden die unterschiedlichen Zeitpunkte bzw. Zeiträume, zu denen bzw. über die die Aufwendungen und Erträge anfallen, auf den Bewertungsstichtag abgezinst. Der Unternehmenswert stellt damit einen Barwert dar.

Zur Ermittlung des Unternehmenswerts wird zwischen dem Wert des betriebsnotwendigen und des nicht betriebsnotwendigen Vermögens unterschieden.

Der Wert des **betriebsnotwendigen Vermögens** verkörpert bei erfolgreicher Unternehmenstätigkeit den eigentlichen Unternehmenswert, der sich aus der Bewertung des normalen, operativen Geschäfts ergibt. Für die Bewertung des betriebsnotwendigen Vermögens stellen – basierend auf dem Barwertkalkül der Investitionsrechnung – die Ermittlung der finanziellen Überschüsse und die Ermittlung des Kapitalisierungszinssatzes die zentralen Bestandteile dar. Dabei repräsentiert das betriebsnotwendige Vermögen das Vermögen, ohne welches das Bewertungsobjekt sein operatives Geschäft nicht weiter unverändert fortführen könnte.

Der Wert des – nicht immer vorhandenen – **nicht betriebsnotwendigen Vermögens**, das nicht für die Erzielung des Unternehmenszwecks erforderlich ist, ergibt sich unter der Annahme der günstigsten Verwertungsmöglichkeit bei Liquidation des nicht betriebsnotwendigen Vermögens durch Ermittlung des Liquidationswerts. Wenn das nicht betriebsnotwendige Vermögen im Unternehmen verbleibt, ist seine Bewertung ebenso wie bei der Ermittlung des betriebsnotwendigen Vermögens durch Ermittlung der nicht betriebsnotwendigen Überschüsse und Diskontierung dieser Überschüsse mithilfe des Kapitalisierungszinssatzes vertretbar.

Die **Abgrenzung** des nicht betriebsnotwendigen Vermögens hat funktional zu erfolgen, d. h., es ist zu beurteilen, inwieweit die eigentliche Unternehmensaufgabe ohne diese Vermögensbestandteile (z. B. Bargeldreserve, Reservegrundstücke, wertvolle Büroimmobilien in attraktiven Innenstadtlagen) unverändert fortgeführt werden kann. Hierbei ist neben dem eigentlichen operativen Geschäft allerdings auch die Unterstützungsfunktion bestimmter Vermögensteile zu beachten. Dienen bestimmte Vermögenswerte beispielsweise der Kreditsicherung oder stellen sie in der Praxis eine übliche – und von den Vertragspartnern implizit erwartete – Größenordnung dar, müssen etwaige Folgen der Liquidation solcher Vermögenswerte beachtet werden. Beispielsweise sind bei Wegfall bestimmter Kreditsicherheiten höhere Finanzierungskosten zu berücksichtigen. In der Praxis ergibt sich somit vielfach das Problem der Einordnung und Abgrenzung des nicht betriebsnotwendigen Vermögens. Je nach Intention der Bewertung ergeben sich hierbei Ermessensspielräume für den Bewerter.

Typische **Beispiele** für nicht betriebsnotwendiges Vermögen sind:

- Grundstücke, die für den operativen Geschäftsbetrieb nicht benötigt, sondern beispielsweise vermietet werden
- hohe Bar- oder Festgeldbestände oder Finanzanlagen, die allein aus Gründen der Wertsteigerung gehalten werden
- Überbestände an nicht für den operativen Betrieb benötigten Vermögenswerten des Anlage- oder Umlaufvermögens
- Beteiligungen, die ausschließlich aus Gründen der Wertsteigerung und ohne Einbindung in den Geschäftsbetrieb gehalten werden

In der Praxis bereitet die Abgrenzung von betriebsnotwendigem und nicht betriebsnotwendigem Vermögen vielfach Probleme. Beispielsweise bedarf die Einschätzung der betriebsnotwendigen Liquidität einer detaillierten Analyse der Zahlungsmittel, die zur Aufrechterhaltung des operativen Geschäfts notwendig sind, und der Liquidität, die ohne Einschränkungen für das operative Geschäft entnommen werden kann. Da das nicht betriebsnotwendige Vermögen unmittelbar dem nach dem Ertragswert- oder dem Discounted-Cashflow-Verfahren (DCF-Verfahren) ermittelten Wert des betriebsnotwendigen Vermögens hinzuzurechnen ist, kommt der Abgrenzung dieses Vermögens eine hohe Bedeutung und Relevanz für den Unternehmenswert zu.

Während sich betriebsnotwendiges und nicht betriebsnotwendiges Vermögen im Anlagevermögen regelmäßig vergleichsweise einfach abgrenzen lässt, ergeben sich insbesondere im Bereich des Umlaufvermögens regelmäßig Abgrenzungsprobleme und Ermessens- und damit Bewertungsspielräume.

> **!** Die Abgrenzung des nicht betriebsnotwendigen Vermögens unterliegt hohen Beurteilungs- und Ermessensspielräumen. Da der Wert des nicht betriebsnotwendigen Vermögens zum Wert des betriebsnotwendigen Vermögens addiert wird, wirkt sich der Wert des nicht betriebsnotwendigen Vermögens unmittelbar auf den Unternehmenswert aus.

Das Bewertungsobjekt

Bei der Darstellung des Bewertungsobjekts sind regelmäßig die (bewertungs)relevanten steuerlichen, wirtschaftlichen und rechtlichen Verhältnisse zu berücksichtigen. Demnach sind rechtliche Fragen beispielsweise für die Ausschüttungsermittlung und limitierende Planungsannahmen zu beachten.

Im Rahmen der Darstellung der **steuerlichen Verhältnisse** sollten steuerliche Besonderheiten wie eine mögliche Verlustverrechnung, eine Organschaft, steuerfreie Sachverhalte oder Auslandsbezüge als bewertungsrelevante Aspekte besondere Berücksichtigung finden.

Eine detaillierte Auseinandersetzung mit den **wirtschaftlichen Verhältnissen** des Bewertungsobjekts ist unerlässlich, um die einzelnen Planungsannahmen beurteilen und Plausibilitätsbeurteilungen vornehmen zu können. In diesem Zusammenhang ist auf die relevante Markt- und Wettbewerbssituation – als ein wesentliches Element der wirtschaftlichen Verhältnisse – einzugehen.

Schließlich sind auch alle **rechtlichen Aspekte** gesondert zu betrachten. Hierzu zählen Rechtstreitigkeiten ebenso wie besondere Rechtsstellungen des zu bewertenden Unternehmens (z. B. Patente etc.).

> Für die Ermittlung der finanziellen Überschüsse stellt eine detaillierte Berücksichtigung der bewertungsobjektspezifischen rechtlichen, steuerlichen und wirtschaftlichen Verhältnisse eine notwendige Voraussetzung dar. Die entsprechende Analyse kann die Unternehmensbewertung aufwendig und damit auch teuer machen. Daher gilt es stets zu überlegen, wie detailliert die Unternehmensbewertung sein soll.

Die **zu bewertende Einheit** kann mit einer rechtlichen Einheit identisch sein, zwingend ist dies jedoch nicht. Das Bewertungsobjekt kann demnach aus einem Teilbetrieb, einer Summe von Teilbetrieben oder mehreren rechtlichen Einheiten bestehen. Denkbar ist auch, dass mehrere Teilbetriebe verschiedener rechtlicher Einheiten zu einer Bewertungseinheit zusammengefasst werden. Die genaue Abgrenzung des Bewertungsobjekts ist entscheidend, um die ihm zuzurechnenden Überschüsse möglichst exakt bestimmen zu können.

Die Analyse des Bewertungsobjekts und der Detaillierungsgrad der Unternehmensbewertung hängen eng zusammen. Regelmäßig werden in einer vor der Bewertung durchgeführten (Financial) Due Diligence die notwendigen Daten über das Unternehmen gesammelt.

Stichtagsprinzip und Wurzeltheorie

Der Unternehmenswert als Ertragswert und damit als Barwert aller künftig erwarteten Aufwendungen und Erträge ist ein zeitpunktbezogener Wert. Nicht zuletzt die mathematische Technik der Abzinsung erfordert es, die Unternehmensbewertung auf einen bestimmten Tag (Bewertungsstichtag) vorzunehmen.

Dem richtigen Stichtag kommt große Bedeutung zu, weil er den Zeitpunkt bestimmt, ab dem erzielte finanzielle Überschüsse zur Wertermittlung heranzuziehen sind. Umgekehrt begrenzt er den Zeitraum der Vergangenheitsanalyse.

Neben der Begrenzung des Zeitraums der Vergangenheitsanalyse und des Startpunkts der Planungsdaten kommt dem **Bewertungsstichtag** aber noch eine weitere Bedeutung zu. Ertragswerte drücken die sich an der Zukunft ausrichtende Nutzenerwartung aus. Sollte die Bewertung auf einen zeitlich zurückliegenden Stichtag bezogen werden, zwingt das Stichtagsprinzip bei der objektivierten Unternehmensbewertung den Bewerter, nur jenen Kenntnisstand zu verwerten, den er am Bewertungsstichtag hätte haben können.

Dies gilt nicht nur für die zu prognostizierenden finanziellen Überschüsse, sondern auch für die Bemessung des Kapitalisierungszinssatzes. Dieser Grundsatz wird auch als **Wurzeltheorie** bezeichnet und geht auf eine höchstrichterliche Rechtsprechung zurück. Er bedeutet, dass die Unternehmensbewertung zum jeweiligen Stichtag nur die Entwicklungen berücksichtigen darf, die in Ansätzen („in der Wurzel") bereits angelegt bzw. erkennbar sind. Sachverhalte, die ihre Wurzeln erst nach dem Bewertungsstichtag haben, dürfen nicht berücksichtigt werden.

Beispiel zum Stichtagsprinzip

Im Dezember 2011 bzw. Januar 2012 wird die Motoren AG bewertet. Hintergrund ist der Verkauf aller Anteile an der Motoren AG mit Wirkung zum 31.12.2011. Die Parteien sind sich über den Deal einig, der Kaufpreis soll final auf der Grundlage einer objektivierten Unternehmensbewertung festgelegt werden. Im Januar 2012 fällt ein wichtiger Kunde der Motoren AG wegen Insolvenz weg. Die Insolvenz war

a) bereits Ende des Jahres 2011 absehbar, da sich Anzeichen am Markt verdichtet haben.

b) vollkommen unerwartet im Jahr 2012 wegen eines durch einen Großbrand verursachten Sachschadens eingetreten.

Im Fall a) muss bei der Bewertung der Motoren AG und der Ableitung der prognostizierten Erträge und Cashflows bereits der zum 31.12.2011 vorhersehbare Wegfall des wichtigen Kunden berücksichtigt werden.

Im Fall b) darf der 2012 begründete und gerade nicht vorhersehbare Wegfall des Kunden keinen Einfluss auf den zum 31.12.2011 objektiviert zu ermittelnden Unternehmenswert haben.

Das vorstehende Beispiel verdeutlicht, dass es bei jeder Bewertung auf den Zweck und das Ziel der Bewertung und die Ausprägung der Unternehmensbewertung als objektivierte oder subjektive Bewertung ankommt.

Die subjektive Unternehmensbewertung unterliegt – anders als die objektivierte Bewertung – nicht den Beschränkungen der Wurzeltheorie. Insoweit besteht nicht das Erfordernis, nur solche Entwicklungen und Erkenntnisse bewertungsrelevant zu berücksichtigen, deren „Wurzel" vor dem Bewertungsstichtag bereits vorhanden war.

Ermittlung der finanziellen Überschüsse

Unsicherheit als zentrales Element

Die Prognose der zukünftigen finanziellen Überschüsse ist das Herzstück des Ertragswertverfahrens. Erwartungen über Höhe und Zeitpunkt des Anfalls von Erträgen und/oder Netto-Cashflows sind in die Zukunft gerichtet und daher unvermeidbar mit **Unsicherheit** belegt. Diese Unsicherheit muss in der theoretischen Lehre ebenso wie auch in der Bewertungspraxis akzeptiert werden. Nichts anderes gilt für die Rechtsprechung. Aus dem Vorhandensein von Unsicherheit folgt zwangläufig, dass es den einen Unternehmenswert nicht geben kann, sondern dass Unternehmenswerte stets ein Ergebnis von Art und Ausmaß der Berücksichtigung von Unsicherheit sind.

Das Zustandekommen mehrerer Unternehmenswerte lässt sich wegen der subjektiven Wertvorstellungen der Parteien hinsichtlich unternehmenspolitischer Visionen, Zielsetzungen, Erwartungen über Höhe und Zeitpunkt des Anfalls finanzieller Überschüsse sowie Möglichkeiten der Alternativanlage nicht vermeiden. Die Prognosen künftiger finanzieller Überschüsse bilden daher den Streitgegenstand nahezu jeder Unternehmensbewertung.

Die Ermittlung der künftig erzielbaren, nachhaltigen Überschüsse stellt die größte Herausforderung der Unternehmensbewertung dar. Es muss stets ein ganzheitlicher Planungsansatz verfolgt werden, um letztlich konsistente Bewertungsergebnisse zu erzielen. Eine besondere Beachtung müssen dabei die Aspekte der Objektivierbarkeit, Nachvollziehbarkeit und Willkürfreiheit genießen.

Überschüsse als Zielgröße

Nach der Art der möglichen Überschussgröße lassen sich Ertragsüberschüsse und Einnahmeüberschüsse (Cashflows) voneinander abgrenzen.

Der **Ertragsüberschuss** ist der ermittelte Saldo aus Erträgen und Aufwendungen, der sich aus der GuV ergibt. Die Prognose der künftigen Ertragsüberschüsse erfolgt mithilfe einer Plan-GuV, die um eine Finanzbedarfsplanung ergänzt werden muss, um die Auswirkungen der Veränderungen der Vermögens- und Schuldenpositionen im Finanzergebnis adäquat abbilden zu können.

Im Rahmen der Finanzierungsrechnung ergibt sich der Saldo aus Einnahmen und Ausgaben, der **Einnahmeüberschuss**, als Veränderung des betrieblichen Geldvermögens. Das Geldvermögen ist die Summe aus dem Zahlungsmittelbestand und dem Saldo aus Forderungen und Verbindlichkeiten.

Gemäß IDW S 1 ergibt sich der Unternehmenswert durch Abzinsung der Nettoeinnahmen der Unternehmenseigner, d. h., es sind die Einnahmeüberschüsse bewertungsrelevant, allerdings nur insofern, als sie auch entnehmbar sind (**Ausschüttungsrestriktionen**) und damit dem Inhaber auch wirklich zufließen können. Für die Unternehmenswertermittlung auf der Basis des Ertragswertverfahrens gilt: Grundlage der abzuzinsenden Überschüsse ist der Ertragsüberschuss (also regelmäßig der handelsrechtliche Jahresüberschuss), soweit dieser vom Anteilseigner entnommen werden kann. Bei der Beurteilung der Entnahmemöglichkeit sind insoweit Finanzierungsannahmen, Investitionszahlungen und für das weitere Wachstum notwendige Thesaurierungen zu beachten.

> **!** Für die Beurteilung der ausschüttbaren Ertragsgrößen bedarf es einer integrierten Unternehmens- und Finanzplanung. Allein das Entstehen finanzieller Überschüsse führt nicht zwangsläufig zu deren Entnahmemöglichkeit. Insofern müssen insbesondere die Ausschüttungsannahmen und -möglichkeiten Eingang in die Planungsrechnungen finden.

Objektivierter Unternehmenswert vs. subjektiver Entscheidungswert

IDW S 1 differenziert bei der Unternehmenswertermittlung zwischen einem objektivierten Unternehmenswert, der insbesondere für Vermittlungs- und Kommunikationszwecke zu berechnen ist, sowie einem subjektiven Entscheidungswert.

Einen entscheidenden Unterschied stellt in diesem Zusammenhang die Berücksichtigung von echten und unechten Synergien sowie deren Differenzierung in der Praxis dar.

Darüber hinaus sind Annahmen hinsichtlich der Finanzierung und Ausschüttung sowie der Ertragsteuerbelastung zu treffen. Die Berücksichtigung bestimmter Maßnahmen zum Stichtag sowie von weiter gehenden Managementfaktoren stellen weitere Unterscheidungsmerkmale zwischen einem objektivierten und dem jeweiligen subjektiven Unternehmenswert dar.

Kriterium	**Objektivierter Wert**	**Subjektiver Wert**
Zu berücksichtigende Maßnahmen zum Stichtag	Nur bereits eingeleitete Maßnahmen	Zusätzlich auch alle geplanten Maßnahmen
Berücksichtigung der Synergien	Nur unechte Synergien	Zusätzlich auch echte Synergien
Finanzierungs- und Ausschüttungsannahmen	Hauptsächlich typisierende Annahmen	Abweichende individuelle Vorstellungen
Ertragsteuerbelastung	Typisierende Belastung (mittelbare Typisierung)	Individuelle Belastung (bzw. unmittelbare Typisierung)
Managementfaktoren	Konstantes Management	Individuelles Konzept

Unterscheidungsmerkmale: objektivierter Wert versus subjektiver Wert

Der objektivierte Unternehmenswert basiert auf einer Reihe von Typisierungen. Der auf der Grundlage einer subjektiven Sichtweise ermittelte Unternehmenswert stellt einen von den individuellen Wertvorstellungen der betroffenen Parteien abhängigen Unternehmenswert dar.

Phasenmodell

Regelmäßig erfordert die Unternehmensbewertung nach IDW S 1 eine Unternehmensplanung über **zwei Phasen**. Die erste Phase (Detailplanungszeitraum) umfasst hierbei regelmäßig drei bis fünf Jahre. Daran schließt sich die Phase der ewigen Rente (Terminal Value) an. Entscheidend für den Unternehmenswert sind die vom Anteilseigner entnehmbaren Erträge. Daher sind Annahmen hinsichtlich Ausschüttung und Thesaurierung notwendig.

In der ersten Phase werden alle Erträge und Aufwendungen des Unternehmens gesondert geplant und die spezifischen Finanzierungs- und Ausschüttungsmöglichkeiten beachtet. Zudem wird die Ertragsteuerbelastung auf der Grundlage einer individuellen Steuerbelastungsrechnung berücksichtigt.

Für die Ermittlung des nachhaltigen Unternehmensertrags sind regelmäßig typisierende Annahmen über die Ausschüttungsmöglichkeiten notwendig. In der Praxis wird in diesem Zusammenhang in der Regel auf eine **Thesaurierungsquote** von ca. 50,0 % zurückgegriffen. Die thesaurierten Erträge dienen der weiteren Finanzierung des Wachstums des zu bewertenden Unternehmens.

Sofern – beispielsweise bei der Ermittlung subjektiver Unternehmenswerte – künftig eine Vollausschüttung geplant ist, kann auch diese bei der Bewertung berücksichtigt werden.

Berücksichtigung von Steuern

Die Berücksichtigung von Steuern stellt ein zentrales Problem der Unternehmensbewertung dar. Hierbei ist zwischen der Berücksichtigung von Steuern nur auf Ebene der zu bewertenden Gesellschaft (Bewertung nach Unternehmenssteuern und vor persönlichen Anteilseignersteuern) und der Berücksichtigung der auf Ebene der Anteilseigner anfallenden Steuern (Bewertung nach persönlichen Anteilseignersteuern) zu unterscheiden.

Bei Unternehmensveräußerungen und anderen unternehmerischen Initiativen erfolgt eine **mittelbare Typisierung** der steuerlichen Verhältnisse der Anteilseigner. Das bedeutet, dass auf einen Ansatz persönlicher Ertragsteuern bei der Ermittlung der finanziellen Überschüsse verzichtet werden kann, da die Annahme getroffen wird, dass die persönliche Ertragsteuerbelastung auf die Nettozuflüsse der zu bewertenden Unternehmensanteile der einer Alternativinvestition in ein Aktienportfolio entspricht.

Eine **unmittelbare Typisierung** erfolgt bei gesetzlichen und vertraglichen Bewertungsanlässen wie beispielsweise einem Squeeze-out. Die künftigen finanziellen Überschüsse werden hierbei um die persönlichen Ertragsteuern vermindert und mit einem – ebenfalls um die persönlichen Ertragsteuern verminderten – Kapitalisierungszinssatz diskontiert.

> **!** Im Rahmen einer subjektiven Unternehmensbewertung erfolgt die Berücksichtigung persönlicher Ertragsteuern gemäß der tatsächlichen Steuerbelastung und ggf. unter Berücksichtigung individueller Annahmen der Anteilseigner.

Bei der Bewertung von Einzelunternehmen und Personengesellschaften, bei der die persönliche Einkommensteuer an die Stelle der in der Alternativrendite bereits berücksichtigten Unternehmenssteuer tritt, wird die persönliche Einkommensteuer berücksichtigt.

Wachstum

Bei der Ermittlung der finanziellen Überschüsse sind die Annahmen für die zweite Phase kritisch zu hinterfragen. Für den für diesen Zeitraum ermittelten Überschuss sind Annahmen hinsichtlich des Wachstums der finanziellen Überschüsse zu treffen sowie konjunkturelle und produktbedingte Auswirkungen zu integrieren. Beispielsweise sind eingeschwungene Zustände, die in der Vergangenheit regelmäßig beobachtet werden konnten, zu berücksichtigen.

Da sich der Wertbeitrag der zweiten Phase stark auf den gesamten Unternehmenswert auswirkt, kommt der Berücksichtigung von Wachstum eine hohe Bedeutung zu.

> **!** In der Praxis finden sich Wachstumsannahmen für die zweite Phase zwischen 0,0 % und 2,0 %. Hierbei muss aber stets die Plausibilität eines solchen Wachstums überprüft werden.

Detailplanung

Hinsichtlich der Ableitung der finanziellen Überschüsse sind die einzelnen Annahmen genau zu dokumentieren. Zudem muss eine **Plausibilisierung** aufgrund der Vergangenheitsdaten sowie der Planungsqualität der Gesellschaft erfolgen.

Die Detailplanung der ersten Phase muss aufgrund nachvollziehbarer Annahmen hinterfragt werden. Analytische und plausibilisierende Prüfungshandlungen bieten sich hierbei ebenso an wie die Überprüfung der Veränderungen von bestimmten Kennzahlen innerhalb des Detailplanungszeitraums.

Sofern in der Vergangenheit regelmäßig wesentliche Plan-Ist-Abweichungen zu verzeichnen waren, sind die Planungen, die der Unternehmensbewertung zugrunde gelegt werden, kritisch zu untersuchen und einzuschätzen.

> Zur Ermittlung der künftigen finanziellen Überschüsse sind eine aufwendige Analyse und eine entsprechende Dokumentation notwendig. Insbesondere sollte eine plausible Überleitung von vergangenheitsbezogenen Ist- zu zukunftsbezogenen Plandaten erfolgen. Grundlage der Beurteilung der Planungsqualität bildet in diesem Zusammenhang regelmäßig ein Soll-Ist-Vergleich für die Vergangenheit.

Die Analyse der Vergangenheitswerte mit den entsprechenden früheren Planzahlen sowie die Überleitung auf die für die Unternehmensbewertung relevanten Prognoserechnungen erfordert die Normalisierung der Daten und die Bereinigung der Vergangenheitsdaten um wesentliche Sondereffekte. Nur so lassen sich vergleichbare und nachhaltige Ausgangsdaten erhalten.

Vergangenheitsanalyse

Die Vergangenheitsanalyse stellt Ausgangspunkt und Kontrollmaßstab einer jeden Planung dar. Hierbei geht es im Besonderen darum, die für den Unternehmenswert relevanten Werttreiber zu identifizieren.

Die Vergangenheitsanalyse ist gerade bei Unternehmen, deren wesentliche unternehmenswertbestimmenden Positionen sich bilanziell nicht abbilden lassen (z. B. weil es sich um Rechte, Markennamen oder Kundenbeziehungen handelt) oder deren Kennzahlen sich als volatil erweisen, vergleichsweise aufwendig.

Zu den besonders wichtigen **Werttreiberkennzahlen** gehören die Menge-Preis-Beziehungen. Sie sind unter Verwendung von Kennziffernanalysen aufzubereiten und zurückliegenden Markt- und Umweltbedingungen kritisch gegenüberzustellen. Insbesondere ist zu prüfen, ob und welche Zusammenhänge sich zwischen der bereinigten Datenlage und angewandtem Geschäftsmodell, Unternehmenskonzept, Personalfaktoren etc. ergeben. Nur plausible Relationen in der Vergangenheit erlauben eine Fortschreibung für die Zukunft.

Einen zentralen Bestandteil der Vergangenheitsanalyse bildet daher die Bereinigung zurückliegender Jahresabschlüsse, z. B. mit folgendem Inhalt:

- Eliminierung von Aufwendungen und Erträgen des nicht betriebsnotwendigen Vermögens
- zutreffende Periodisierung von Aufwendungen und Erträgen und Korrektur von einmaligen sowie außerordentlichen Ergebnisbestandteilen
- Eliminierung der Auswirkungen bilanzpolitischer Maßnahmen

Allein eine detaillierte Vergangenheitsanalyse und eine solide Datengrundlage erlauben die Beurteilung der Planungsrechnungen, die der Unternehmensbewertung zugrunde liegen.

Prognoserechnung

Ausgangspunkt der Prognosen ist die von den Vertretern des Bewertungsobjekts beabsichtigte Strategie, verbunden mit den darauf aufsetzenden langfristigen Planungen. Wegen der mit abnehmendem Planungshorizont zunehmenden Unsicherheit werden finanzielle Überschüsse grundsätzlich in zwei Phasen geplant.

Die erste Phase (**Detailplanungszeitraum**) umfasst einen Zeitraum von drei bis fünf Jahren. Für diesen Zeitraum werden die zukünftigen Geschäftsjahre im Einzelnen unter Verwendung von in der Vergangenheitsanalyse identifizierten Werttreiberkennzahlen detailliert geplant.

Mit der Aufstellung von Planungsrechnungen sollte nach der Prognose der wichtigen Mengen- und Preisgrößen begonnen werden. Daraus entsteht zunächst das Grundgerüst der Plan-GuV, hierauf folgt die Planung aller weiteren Erfolgsposten. Aufbauend auf der Plan-GuV sind auch die Planbilanz sowie die Plankapitalflussrechnung zu erstellen. Nur so ist es möglich, die ausschüttbaren Gewinne sowie die notwendigen Finanzierungs- und Investitionszahlungen zu bestimmen.

Bei der **Bewertung einfacher Strukturen** kann im Einzelfall auf die Erstellung von Planbilanz und Plankapitalflussrechnung verzichtet werden. In solchen Fällen muss indes auf der Grundlage plausibler Annahmen dargelegt werden, in welchem Umfang die in der Plan-GuV ausgewiesenen Erträge ausschüttbar sind. Typische vereinfachende Annahmen sind beispielsweise eine konstante Fremdverschuldung (d. h. keine Tilgung und konstante Zinsaufwendungen) oder die Annahme, dass den nicht zahlungswirksamen Abschreibungen stets Investitionen in gleicher Höhe gegenüberstehen.

Sofern das Finanzierungsvolumen der zu bewertenden Gesellschaft über den Prognosezeitraum wesentlichen Schwankungen unterliegt und die damit in Verbindung stehenden Zinserträge bzw. -aufwendungen wesentlich die Ertragslage der Gesellschaft beeinflussen, sind entsprechende Zinsprognosen anzustellen. Vereinfachend kann anstelle einer differenzierten Zinsertrags- und Zinsaufwandsplanung auch eine Berücksichtigung von Zinseffekten auf einer saldierten Nettofinanzgröße und auf der Basis eines durchschnittlichen langfristigen Zinssatzes erfolgen.

Die Ermittlung der Steuern vom Einkommen und Ertrag sollte auf der Grundlage gesonderter, in die Gesamtplanung integrierter Planungsrechnungen beispielsweise für die Gewerbe- und Körperschaftsteuer erfolgen. Zudem sind steuerliche Verlustvorträge ebenso zu berücksichtigen wie weitere **steuerliche Besonderheiten**, z. B. steuerfreie Erträge, nicht abzugsfähige Betriebsausgaben oder Hinzurechnungs- und Kürzungsbeträge. Hinsichtlich der Steuern muss die Planung von Gewerbe- und Körperschaftsteuer aufgrund der bestehenden Unterschiede in der Bemessungsgrundlage regelmäßig gesondert erfolgen.

Die Notwendigkeit eigenständiger steuerlicher Planungsrechnungen steigt mit dem zunehmenden Auseinanderfallen handelsrechtlicher und steuerlicher Ergebnisgrößen bzw. Bemessungsgrundlagen sowie bei Vorliegen steuerlicher Verlustvorträge.

Eine besondere Beurteilung muss im Einzelfall hinsichtlich der vorhandenen steuerlichen Verlustvorträge erfolgen. Diese sind bei der Ermittlung der finanziellen Überschüsse zu berücksichtigen. Auf die entsprechenden Verlustverrechnungsmöglichkeiten und -beschränkungen muss hierbei Bezug genommen werden. Sofern die steuerlichen Verlustvorträge über den Detailplanungszeitraum hinausreichen und demnach erst in der zweiten Phase verbraucht werden, kann der Detailplanungszeitraum bis zu dem Jahr verlängert werden, in dem der Verlustvortrag aufgebraucht ist. Alternativ kann der Barwert der künftig verrechenbaren Verluste gesondert ermittelt und bei der Unternehmenswertermittlung berücksichtigt werden.

Für die Planung der finanziellen Überschüsse der sich an die erste Phase anschließenden zweiten Phase ist eine

Detailplanung aufgrund der Ferne des Betrachtungszeitraums nicht mehr sinnvoll. Insoweit sind die Planungsergebnisse der zweiten Phase das Ergebnis von pauschalen Fortschreibungen der ersten Phase. Die ewige Rente im sog. Terminal Value wird unter der Annahme eines eingetretenen Beharrungs- bzw. Gleichgewichtszustands geplant und zeigt die langfristig erwartete Ertragskraft des Bewertungsobjekts.

Bei der Beurteilung der nachhaltigen Ergebnisgröße ist indes auf **branchen- und produktspezifische Zyklen** Bezug zu nehmen. Im Einzelfall sind sog. Einschwünge zu berücksichtigen, wenn beispielsweise aufgrund von Produktlebenszyklen keine konstanten Erträge in der Zukunft erzielt werden können.

Den Barwert der ewigen Rente nennt man in der Bewertungspraxis auch Residualwert, Restwert, Endwert oder Terminal Value. Häufig dominiert der Wertanteil der diskontierten ewigen Rente den Unternehmenswert. Daher sind insbesondere an die Annahmen für die Ableitung der nachhaltigen Zukunftserfolge der zweiten Phase hohe Anforderungen zu stellen.

Integrierte Gesamtplanungen

Bei der Beurteilung der Planungsdaten ist zu berücksichtigen, dass diese im Einklang mit weiteren Unternehmensplanungen (z. B. für Werthaltigkeitstests, Steuerplanungen oder zur Ermittlung aktiver latenter Steuern auf Verlustvorträge) stehen. Auch ist auf interne Präsentationen, unterjährige Steuerungsdaten und Reportings, Budgets, Fallstudien für Banken und dergleichen Bezug zu nehmen. In diesem Zusammenhang ist auf die Konsistenz der Daten zu achten.

Die der Unternehmensbewertung zugrunde liegenden Planungsrechnungen müssen konsistent zu den weiteren Planungen der zu bewertenden Gesellschaft sein.

Unbeachtlichkeit des bilanziellen Vorsichtsprinzips

Das für die deutsche Rechnungslegung maßgebliche HGB betont das Vorsichtsprinzip und den Gläubigerschutz. Demnach werden Gewinne erst dann ausgewiesen, wenn sie realisiert sind, Verluste werden antizipiert und Vermögenswerte maximal zu ihren Anschaffungs- und Herstellungskosten bilanziert.

Das der Rechnungslegung immanente Vorsichtsprinzip ist für Zwecke der Unternehmensbewertung unbeachtlich. Würde man die Ertragsseite vorsichtiger prognostizieren als die Aufwandsseite, ergäbe sich kein richtiger Unternehmenswert.

Das bilanzielle Vorsichtsprinzip darf aber in der integrierten Finanzplanung nicht gänzlich außer Acht gelassen werden. Die der Unternehmenswertermittlung zugrunde liegenden Planungsrechnungen müssen beispielsweise zwingend die gesellschaftsrechtliche Ausschüttungsfähigkeit der Planjahresüberschüsse berücksichtigen.

Ermittlung des Kapitalisierungszinssatzes

Subjektive versus objektivierte Bewertung

Die finanziellen Überschüsse aus dem Unternehmen sind mit dem Kapitalisierungszinssatz k_v (Eigenkapitalkosten des [verschuldeten] Unternehmens) auf den Bewertungsstichtag abzuzinsen, um sie mit der dem Investor zur Verfügung stehenden **Alternativanlage** vergleichbar zu machen. Die Ermittlung des Kapitalisierungszinssatzes unterscheidet sich grundlegend danach, ob ein Zinssatz für eine objektivierte oder für eine subjektive Unternehmensbewertung ermittelt werden soll.

Im Rahmen der Ermittlung subjektiver Unternehmenswerte richtet sich der Kapitalisierungszinssatz nach der individuellen Einschätzung des jeweiligen Anteilseigners. Als Anhaltspunkte können dabei beispielsweise die individuelle Renditeerwartung bei einer Alternativinvestition, der Zinssatz zur Ablösung vorgesehener Kredite, der Zinssatz langfristiger Kapitalanlagen bei Eigenfinanzierungen oder ein Zinssatz, der sich aus subjektiven Einschätzungen ergibt, dienen.

Bei der Ermittlung objektivierter Unternehmenswerte erfolgt eine Typisierung, indem sich die Ermittlung des Kapitalisierungszinssatzes im Ertragswertverfahren nach IDW S 1 an die kapitalmarktorientierte Ableitung des Kapitalisierungszinssatzes der Discounted-Cashflow-Verfahren angenähert hat. Dabei stellt der Kapitalisierungszinssatz die Rendite einer Alternativinvestition in Unternehmensanteile mit vergleichbarer Risikostruktur dar. Bei Anwendung des Zweiphasenmodells der Unternehmensplanung besteht der Kapitalisierungszinssatz unter der vom IDW empfohlenen Anwendung der Zinszuschlagsmethode, bei der das Risiko im Kapitalisierungszinssatz durch empirische Analysen des Marktgeschehens und nicht in den Überschüssen abgebildet wird, aus zwei Komponenten: einem risikolosen Zinssatz – dem Basiszinssatz (r_f) – und einem Risikozuschlag. Der Risikozuschlag bestimmt sich hierbei als Produkt der allgemeinen Marktrisikoprämie (MRP) mit dem gewichteten unternehmensindividuellen Risiko des verschuldeten Unternehmens, dem Betafaktor (β_v).

Vereinfacht gilt zur Bestimmung des Kapitalisierungszinssatzes für die Ertragswertberechnung:

$$k_v = r_f + MRP \times \beta_v$$

Basiszinssatz

Der Basiszinssatz r_f spiegelt den landesüblichen Zinssatz einer risikofreien Kapitalmarktanlage wider, der im Allgemeinen durch die langfristige Rendite öffentlicher Anleihen höchster Bonität ermittelt wird. Auf der Basis einer vom IDW empfohlenen Berechnungsmethodik aufgrund der Zinsstrukturdaten der Deutschen Bundesbank (Svensson-Methode) lässt sich der Zinssatz monatlich bestimmen.

> Der Basiszinssatz nach den Vorgaben des IDW stellt einen anerkannten Ausgangsmaßstab bei der Ermittlung unternehmenswertspezifischer Zinssätze dar. **!**

Die Ermittlung des Basiszinssatzes hat jeweils auf den zum Bewertungsstichtag relevanten Zinsstrukturdaten zu erfolgen. Diese unterliegen – dem allgemeinen Marktniveau folgend – im Zeitablauf bestimmten Schwankungen. Der auf der Basis der aktuellen Marktdaten ermittelte Zinssatz wird jeweils auf 0,25 Prozentpunkte gerundet.

Nachstehende Tabelle gibt verschiedene Zinssätze zu ausgewählten Bewertungsstichtagen wider:

Stichtag	Basiszinssatz
31.12.2008	4,25 %
31.12.2009	4,25 %
31.12.2010	3,25 %
31.12.2011	2,75 %
31.1.2012	2,75 %
29.2.2012	2,50 %
31.3.2012	2,50 %
30.4.2012	2,50 %
31.5.2012	2,50 %
30.6.2012	2,25 %

Basiszinssatz nach IDW S 1/FAUB im Zeitablauf

Marktrisikoprämie

Der Risikozuschlag bildet die Unsicherheit über die zukünftige Entwicklung der finanziellen Überschüsse im Kapitalisierungszinssatz ab. Dabei erfolgt die Schätzung des Risikozuschlags nach dem Ertragswertverfahren gemäß IDW S 1 für den subjektiven Entscheidungswert auf der

Basis individueller **Renditeerwartungen des Investors** bei einer Alternativinvestition oder auf der Basis des Zinssatzes zur Ablösung vorgesehener Kredite.

Für den objektivierten Unternehmenswert ist der Risikozuschlag auf der Basis kapitalmarkttheoretischer Modelle – etwa des Capital Asset Pricing Model (CAPM) und des Tax Capital Asset Pricing Model (Tax-CAPM), die bei der Ermittlung der Kapitalisierungszinssätze der Discounted-Cashflow-Verfahren zum Einsatz gelangen – und empirischer Daten abzuleiten. Danach bestimmt sich der Risikozuschlag aus der Marktrisikoprämie (MRP) vor bzw. nach persönlicher Einkommensteuer und dem unternehmensindividuellen Betafaktor (β) als Risikomaß.

Für die Marktrisikoprämie (MRP) empfiehlt der Fachausschuss für Unternehmensbewertung und Betriebswirtschaft des IDW (FAUB) – nach Einführung der Abgeltungsteuer – Marktrisikoprämien vor persönlichen Ertragsteuern i. H. v. 4,5–5,5 % (bei mittelbarer Typisierung) sowie eine niedrigere Marktrisikoprämie nach persönlichen Ertragsteuern i. H. v. 4,0–5,0 % (bei unmittelbarer Typisierung).

Infolge der gegenwärtigen Unsicherheiten an den internationalen Finanzmärkten plädiert der FAUB des IDW dafür, den Ansatz der Marktrisikoprämie – vor und nach persönlichen Steuern – am oberen Rand der vorgegebenen Spanne zu prüfen.

> Bei der Ermittlung objektivierter Unternehmenswerte vor persönlichen Steuern und nach Unternehmenssteuern ist derzeit eine MRP zwischen 5,0 % und 5,5 % angemessen.

Betafaktor anhand von Peergroupvergleichen

Zur Ermittlung des Risikozuschlags im Rahmen objektivierter Wertermittlungen wird die anzusetzende Marktrisikoprämie mit dem unternehmensindividuellen Betafaktor des verschuldeten Unternehmens (β_v) multipliziert.

Der Betafaktor wird – anders als die ansonsten bewertungsobjektunabhängigen Zinssatzbestandteile wie der Basiszinssatz und die Marktrisikoprämie – individuell ermittelt. Er bildet das Risiko des Unternehmens im Vergleich zum Risiko des Gesamtmarktes ab und ist neben dem Risiko aus der Geschäftstätigkeit des Unternehmens sowie weiterer Einflussfaktoren auch von der Unternehmensfinanzierung und damit einhergehenden Risiken abhängig.

Regelmäßig schwankt der Betafaktor im Zeitablauf. Ein Unternehmen mit einem Betafaktor $< 1{,}0$ deutet darauf hin, dass das Unternehmen weniger risikoreich als der als Referenzmaßstab gewählte **Vergleichsmarkt** ist. Ein Unternehmen mit einem Betafaktor $> 1{,}0$ ist größeren Risiken ausgesetzt als der gewählte Vergleichsmarkt. Der Vergleichsmarkt kann – bei börsennotierten Unternehmen – beispielsweise ein Referenzindex wie der DAX sein. Der Betafaktor drückt dann die Volatilität der Aktie bzw. des Anteils des zu bewertenden Unternehmens im Vergleich zu den Schwankungen des Gesamtmarktes aus.

Beispiel zum Betafaktor

Die Food AG ist im Bereich der Grundversorgung mit Lebensmitteln tätig. Die Luxus AG stellt hochwertige Güter her. In Krisen- und wirtschaftlich schwierigen Zeiten wird der Betafaktor der Food AG vergleichsweise geringer sein als der der Luxus AG, da die Produkte der Food AG auch in Krisenzeiten nachgefragt werden.

In der Praxis erfolgt die Ermittlung des Betafaktors auf der Grundlage von Volatilitätsgrößen der Anteile des zu bewertenden Unternehmens respektive einer angemessenen Peergroup im Vergleich zum Gesamtmarkt.

Die Peergroup stellt die Menge der Unternehmen dar, die für Zwecke der Unternehmensbewertung bzw. für die Ermittlung der Kapitalkosten mit dem zu bewertenden Unternehmen vergleichbar sind. Hierbei spielen Unternehmensgröße, Finanzierungsstrukturen, Branchen und Geschäftsmodelle eine Rolle.

Die Bestimmung einer angemessenen Peergroup ist in der Praxis – insbesondere im mittelständischen Bereich – oftmals sehr schwierig, da es an vergleichbaren Unternehmen fehlt. In solchen Fällen ist zu prüfen, inwieweit auf veröffentlichte Studien zu branchenspezifischen Kapitalkosten zurückgegriffen werden kann.

Unternehmensindividuelles Re-Levering

Sofern das zu bewertende Unternehmen nicht börsennotiert ist, ist der Betafaktor durch einen Peergroupvergleich oder aufgrund von Marktstudien zu ermitteln. Regelmäßig reicht es im Zusammenhang mit der Bewertung mittelständischer Unternehmen aus, den Betafaktor aufgrund aussagekräftiger **Kapitalkostenstudien** zu bestimmen. Dabei wird i. d. R. auf das unverschuldete Beta β_u (unlevered beta) zurückgegriffen, das dann für die Ertragswertberechnung an die Finanzierungsstruktur anzupassen ist.

Da die **Kapitalstruktur**, d. h. das Verhältnis von Fremdkapital FK und Eigenkapital EK, i. d. R. nicht konstant ist, hat eine periodenspezifische Ableitung des bewertungsobjektspezifischen Betafaktors zu erfolgen. Hierbei muss ausgehend von einem unverschuldeten Beta (β_u) ein „Re-Levering" erfolgen, das den aktuellen Verschuldungsgrad berücksichtigt (β_v). Es gilt:

$$\beta_v = \beta_u \times (1 + (1 - s^{unt}) \times FK^{MW}/EK^{MW})$$

Beim Re-Levering errechnet sich das stichtagsbezogene, verschuldete Beta unter Berücksichtigung der Steuerbelastung des Unternehmens (s^{unt}) und dem Verhältnis der Marktwerte von Fremd- und Eigenkapital (Verschuldungsgrad) zueinander.

Für den Marktwert des Fremdkapitals (FK^{MW}) wird in der Praxis oftmals dessen Buchwert angesetzt. Dies ist zumindest in den Fällen vertretbar, in denen das verzinsliche Fremdkapital zu üblichen Konditionen gewährt worden ist.

Bei vorstehender Ermittlung stellt sich das Problem, dass die Anpassung an das Kapitalstrukturrisiko auf der Grundlage des Marktwerts des Eigenkapitals (EK^{MW}) erfolgt, dessen Berechnung (Ertragswert) durch das Kalkül erst erfolgen soll. Es besteht somit ein Zirkularitätsproblem, das über einen iterativen Prozess zu lösen ist.

In der Praxis wird das **Zirkularitätsproblem** im Zusammenhang mit der periodenspezifischen Ermittlung des Betafaktors bisweilen durch Rekurs auf Buchwerte umgangen. Vereinfacht wird der (bilanzielle) Verschuldungsgrad des Unternehmens herangezogen. Gleichzeitig erfolgt keine periodenspezifische Betaermittlung, sondern der Betafaktor wird für die einzelnen Perioden konstant gelassen. Dies wird dann mit einer über die betrachteten Perioden hinweg konstanten Fremdkapitalstruktur begründet.

Re-Levering des Betafaktors

Zum 31.12.2011 soll die Turbo AG bewertet werden. Ausweislich des vorliegenden Jahresabschlusses weist die Gesellschaft ein Eigenkapital von 1.000 und ein Fremdkapital von 1.500 aus. Vereinfachend wird angenommen, dass die Buchwerte den Marktwerten entsprechen. Für die Peergroup der Turbo AG wurde zum 31.12.2011 ein unverschuldetes Beta von 0,8 ermittelt. Der Steuersatz der Turbo AG beträgt 30,0 %.

Es gilt $\beta_v = 0{,}8 \times (1 + [1 - 0{,}3] \times 1.500/1.000) = 1{,}64$

Durch die Verwendung von bilanziellen Größen im Zusammenhang mit dem Re-Levering sind fehlerhafte Bewertungen möglich. Der Standard IDW S 1 betont daher, dass für die Ermittlung der Kapitalstruktur Marktwerte und nicht etwa Buchwerte relevant sind. Im Einzelfall muss daher eine Analyse des jeweiligen Bewertungsobjekts erfolgen, und zwar mit Blick auf die Frage, in welchem Umfang durch vereinfachende Annahmen bei der Betaermittlung Bewertungsunschärfen gegeben sein können.

Berücksichtigung von Steuern

Analog zur Darstellung der finanziellen Überschüsse erfolgt auch die Erfassung der persönlichen Ertragsteuern anlässlich der Ermittlung des Kapitalisierungszinssatzes bei der unmittelbaren Typisierung und unterbleibt bei der mittelbaren Typisierung. Die mittelbare Typisierung berücksichtigt nur die Steuern auf Unternehmensebene (Unternehmenssteuern s^{unt}), während die unmittelbare Typisierung auch die Besteuerung des Anteilseigners (persönliche Steuern s_p) mit einbezieht.

Der Kapitalisierungszinssatz bei der mittelbaren Typisierung berücksichtigt demnach keine (über die in den Prognoserechnungen enthaltenen Unternehmenssteuern hinausgehende) Steuerbelastung. Es gilt:

$$k_v = r_f + MRP \times \beta_v$$

Für die unmittelbare Typisierung ist die MRP nach persönlichen Steuern (MRP_s) zu nehmen und der Basiszinssatz ist um die persönliche Steuerbelastung beim Anteilseigner (s^p), die sich bei einer Alternativinvestition in Aktien aus der Abgeltungsteuer und dem Solidaritätszuschlag zusammensetzt, zu kürzen. Es gilt:

$$k_{v,s} = r_f \times (1 - s^p) + MRP_s \times \beta_v$$

Bei der Bestimmung des Kapitalisierungszinssatzes (vor bzw. nach persönlichen Steuern) ist darauf zu achten, dass die Berücksichtigung gleichermaßen bei der Ermittlung der Überschüsse wie auch beim Kapitalisierungszinssatz erfolgt. Nur so kann dem Äquivalenzprinzip entsprochen werden.

Wachstumsabschlag

Die aus der Unternehmensplanung abgeleiteten Überschüsse werden in der Detailplanungsphase üblicherweise nominal geschätzt. Somit erfolgt die Erfassung des nominellen Wachstums direkt in den prognostizierten Überschüssen.

In der ewigen Rente wird das Wachstum bewertungstechnisch durch einen Abschlag (w) vom Kapitalisierungszinssatz berücksichtigt. Wachsen die finanziellen Überschüsse in der ewigen Rente mit einer konstanten Rate und verharren damit nicht auf einem konstanten Niveau, so ist der finanzielle Überschuss dieser Reihe mit einem um einen Wachstumsabschlag in Höhe der Wachstumsrate verminderten Kapitalisierungszinssatz zu diskontieren.

Dieser Wachstumsabschlag beträgt in der Praxis zwischen 0,0 % und 2,0 % und damit im Allgemeinen rund 1,0 %. Die Berücksichtigung des Wachstumsabschlags ist zum einen als Inflationsabschlag, bei dem das Unternehmen versucht, zukünftige inflationsbedingte Kostensteigerungen auf die Kunden abzuwälzen, zum anderen als thesaurierungsbedingtes Wachstum zu interpretieren. Das thesaurierungsbedingte Wachstum ergibt sich daraus, dass nur in seltenen Fällen eine Vollausschüttung der ermittelten Überschüsse unterstellt werden kann. Vielmehr erfolgt eine Thesaurierung von Überschüssen, mit denen das künftige Wachstum des Unternehmens finanziert wird.

Relevanz des Substanz- bzw. Liquidationswerts

Dem Substanzwert als Gebrauchswert der betrieblichen Substanz kommt – im Unterschied zum als Wertuntergrenze fungierenden Liquidationswert – in der Bewertungstheorie keinerlei Entscheidungsrelevanz zu. Dies gilt insbesondere dann, wenn er – was die Regel ist – als Teilrekonstruktionszeitwert ermittelt wird, weil hierbei die den Unternehmenswert determinierenden (immateriellen) Verbundeffekte missachtet bzw. ignoriert werden. Einem solchen Substanzwert fehlt folglich der (direkte) Bezug zu den künftigen finanziellen Überschüssen, die aber die eigentliche Zielgröße unternehmerischen Handelns verkörpern und damit bewertungsrelevant sind.

Für Zwecke der Unternehmensbewertung interessiert die Parteien nur der Wert, der aus einem Unternehmen heraus erzielbar ist, sei es durch Fortführung (dann greift der Ertragswert) oder Zerschlagung bzw. Liquidation (dann greift der Liquidationswert).

Im Gegensatz zum Substanzwert spielt der **Liquidationswert** in der Unternehmensbewertung eine wichtige Rolle. Da er den Wert angibt, der bei einer Zerschlagung des Unternehmens zum Bewertungsstichtag resultieren würde, stellt er eine Art Nebenbedingung bzw. Wertuntergrenze einer jeden ordnungsmäßigen Unternehmensbewertung dar, es sei denn, es existieren rechtliche oder faktische Zwänge zur Unternehmensfortführung. Der anzusetzende Unternehmenswert entspricht somit dem höheren Betrag aus Ertragswert und Liquidationswert:

Unternehmenswert = max{Ertragswert;Liquidationswert}

Der Liquidationswert rückt insbesondere bei **ertragsschwachen Unternehmen**, die über Vermögensgegenstände mit bedeutenden stillen Reserven verfügen, in den Bewertungsfokus. Bei (stark) profitablen Unternehmen dürfte hingegen in den allermeisten Fällen eine Pro-forma- bzw. überschlägige Berechnung des Liquidationswerts ausreichen. Ist durch eine solche Berechnung sichergestellt, dass der Liquidationswert des Unternehmens deutlich unter dem – auf der Basis der Unternehmensfortführung errechneten – Ertragswert liegt, kommt dem Liquidationswert keine weitere Bedeutung zu.

Plausibilisierung von Bewertungsergebnissen

Basierend auf der Bewertung des nicht betriebsnotwendigen Vermögens und des betriebsnotwendigen Vermögens ergibt sich der Unternehmenswert. Hierbei erfolgt die Bewertung des betriebsnotwendigen Vermögens mittels einer Ertragswertberechnung, die das Zweiphasenmodell berücksichtigt. Der so gefundene Unternehmenswert sollte plausibilisiert werden (**Plausibilitätserfordernis**), einerseits um den Unternehmenswert abzusichern, andererseits um mögliche Fehlannahmen bei der Berechnung der Überschüsse oder rechnerische Fehler im Bewertungsmodell leichter erkennen zu können.

Der auf der Basis des Ertragswertverfahrens nach IDW S 1 ermittelte Unternehmenswert kann mithilfe vereinfachter Preisfindungen wie der Multiplikatorverfahren plausibilisiert werden, wobei i. d. R. zwischen den vergangenheitsorientierten („trailing multiple") und auf zukünftigen Bezugsgrößen basierenden („forward multiple") Multiplikatoren unterschieden wird. Als Bezugsgröße können Ergebnismultiplikatoren (Jahresüberschuss, EBIT, EBITDA) oder umsatz- und produktmengenbezogene Multiplikatoren Verwendung finden. Ziel der Plausibilisierung ist es, bei abweichenden Unternehmenswerten die bewertungsrelevanten Parameter zu überprüfen bzw. Interpretationsansätze für die unterschiedliche Wertfindung abzuleiten.

Neben der Plausibilisierung des Unternehmenswerts über **Multiplikatoren** können auch Vergleichstransaktionen am Markt, frühere Bewertungsgutachten sowie – bei börsennotierten Unternehmen – Angaben zur Marktkapitalisierung (Börsenkurse) als Plausibilisierungsmaßstab dienen.

Vor dem Hintergrund der erbschaftsteuerlichen Vorgaben zur Unternehmensbewertung nach §§ 199 ff. BewG kann auch ein nach diesen Vorschriften ermittelter Wert (vereinfachtes Ertragswertverfahren) dazu dienen, den nach IDW S 1 ermittelten Wert zu plausibilisieren.

Schließlich können indikative **Praktiker- und Daumenregeln** dazu dienen, ermittelte Unternehmenswerte zu plausibilisieren. Insbesondere bei der Bewertung mittelständischer Unternehmen, für die keine Marktpreise vorliegen oder sich kaum vergleichbare Unternehmen finden, kann eine Wertfindung auf der Basis der Multiplikation der nachhaltigen finanziellen Überschüsse mit einem Faktor erfolgen.

Die Bedeutung der angestellten Plausibilitätsüberlegungen muss auf die Zurverfügungstellung von Vergleichsgrößen reduziert werden. Es ist nicht Aufgabe weiterer Berechnungsmethoden, unterschiedliche Unternehmenswerte zu finden.

Mittels vereinfachter Preisfindungen werden Unternehmenswerte plausibilisiert und abgesichert. Die Absicherung berechneter Unternehmenswerte steigert zudem die Akzeptanz und Relevanz der durchgeführten Bewertung.

Während die Plausibilisierung des Unternehmenswerts über EBIT-Multiples allein zur Überprüfung des auf den operativen Bereich entfallenden Unternehmenswerts dienen kann, spiegelt eine zutreffende Marktkapitalisierung auch die im nicht betriebsnotwendigen Vermögen vorhandenen stillen Reserven wider.

Beispiel für eine Bewertung

Nachstehendes Beispiel verdeutlicht die Ermittlung von Unternehmenswerten nach dem Ertragswertverfahren i.S.v. IDW S 1.

Ausgangsdaten

Die Sunny AG ist eine mittelständische, kapitalmarktorientierte AG mit Sitz in München. Sie ist in der Produktion neuartiger Sonnenschutzeinrichtungen tätig. In den letzten Jahren hat die Gesellschaft immer wieder neue Produkte entwickelt und auch derzeit einige viel sprechende Entwicklungen in der Pipeline.

Durch den Erfolg der Sunny AG auf sie aufmerksam geworden, plant die Solar AG, die Sunny AG zu kaufen. Alternativ ist auch ein Zusammenschluss beider Unternehmen denkbar. Die beiden Unternehmen stehen in Gesprächen und einigen sich darauf, von einem unabhängigen Wirtschaftsprüfer eine Bewertung der Sunny AG vornehmen zu lassen.

Der Wirtschaftsprüfer soll auf der Basis der folgenden Grundlagen den objektivierten Unternehmenswert der Sunny AG zum 31.12.t0 ermitteln:

- Zum 31.12.t0 verfügt die Sunny AG über ein bilanzielles Eigenkapital von 2,24 Mio. Euro. Das gezeichnete Kapital beträgt 1,0 Mio. Euro und ist in 1,0 Mio. Stückaktien mit einem Nennwert von je 1,0 Euro eingeteilt.
- Der Aktienkurs in der Zeit um den 31.12.t0 hat sich zwischen 1,6 und 1,8 Euro je Aktie bewegt.
- Für die nächsten drei Jahre plant die Sunny AG folgende Ergebnisse vor Ertragsteuern (EBT):
    - t1: 120.000 Euro
    - t2: 160.000 Euro
    - t3: 170.000 Euro
- Die für den Detailplanungszeitraum erwarteten Ergebnisse wurden plausibel auf der Basis der Vergangenheitsdaten ermittelt und abgeleitet.
- Es liegen konsistente Planbilanzen sowie eine Plankapitalflussrechnung vor. Im Rahmen einer integrierten Planung wurden alle bewertungsrelevanten Sachverhalte zutreffend berücksichtigt.
- Es kann davon ausgegangen werden, dass zu jedem Zeitpunkt ausreichend Eigenkapital und Liquidität zur Verfü-

gung stehen, um geplante Ausschüttungen vornehmen zu können.

- Die Kosten der Fremdfinanzierung betragen konstant 15.000 Euro p. a. Die Zinsschranke nach § 4h EStG ist nicht weiter zu betrachten.
- Auf der Grundlage nachhaltiger Prognosen rechnet die Gesellschaft mit einem nachhaltigen Ergebnis ab t4 i. H. v. 176.000 Euro p. a.
- Zum 31.12.t0 verfügt die Gesellschaft über steuerliche Verlustvorträge. Der Betrag ist zum 31.12.t0 bereits gesondert festgestellt und beträgt für Körperschaft- und Gewerbesteuer jeweils 350.000 Euro.
- Nachdem ihr die Büroräume in München zu groß geworden sind, ist die Gesellschaft aus München ausgezogen. Der Hebesatz für die Gewerbesteuer beträgt nunmehr 300 %.
- Die Immobilie, die im Herzen Münchens liegt, wurde vor Jahren von der Sunny AG gekauft; es fallen jährlich 5.000 Euro für die Finanzierung sowie Aufwendungen in Höhe von 20.000 Euro an. Die Vermietungserlöse belaufen sich auf 45.000 Euro p. a. Der Buchwert der Immobilie in der Bilanz der Sunny AG zum 31.12.t0 beträgt 235.000 Euro.
- Aufgrund eines aktuell vorliegenden Immobiliengutachtens wurde der Wert der Immobilie auf 650.000 Euro taxiert. Bei einer Veräußerung würden Liquidationskosten i. H v. 15.000 Euro anfallen. Um ein möglichst gutes Veräußerungsergebnis zu erreichen, rechnet die Gesellschaft indes für den Fall einer Veräußerung der Immobi-

lie mit einem Zeitraum von bis zu drei Jahren, bis die Veräußerung abgeschlossen ist.

- Grundsätzlich gibt es keine Unterschiede zwischen dem handelsrechtlichen und dem steuerlichen Ergebnis.
- Insgesamt ergeben sich aus verschiedenen Sachverhalten (z. B. Mieten, Leasingaufwendungen, Fremdkapitalzinsen) gewerbesteuerliche Hinzurechnungen nach § 8 GewStG (unter Abzug des entsprechenden Freibetrags) i. H. v. 30.000 Euro p. a.
- Für die kommenden Jahre wird eine Ausschüttungsquote von 30,0 % im Detailplanungszeitraum angenommen. In der zweiten Phase soll die Ausschüttungsquote langfristig 50,0 % betragen.
- Die thesaurierten Beträge können jederzeit kapitalwertneutral angelegt werden.
- Für die nächsten Jahre wird vereinfachend von einer konstanten Kapitalstruktur (Verhältnis der Marktwerte von Eigen- und Fremdkapital) ausgegangen.
- In den für die Jahre t1 ff. erstellten Planungsrechnungen ist die Immobilie in München voll enthalten.

Aufgrund von veröffentlichten Peergroups beträgt der aktuelle EBIT-Multiple in der für die Sunny AG relevanten Branche zwischen 7,8 und 8,0, also rd. 7,9.

Zum 31.12.t0 beträgt der nach den Vorgaben des IDW ermittelte Basiszinssatz 3,5 %. Als Marktrisikoprämie werden 5,0 % als angemessen beurteilt.

Zum Ausgleich von Preissteigerungs- und Inflationseffekten wird für den Terminal Value ein Wachstumsabschlag von 1,0 % berücksichtigt.

Aufgrund von Peergroupvergleichen wird für die Sunny AG ein spezifischer Betafaktor von 1,2 ermittelt. Dieser wird aufgrund der konstanten Kapitalstruktur über den gesamten Zeitraum hin als konstant angenommen.

Annahmegemäß liegt der Liquidationswert der Sunny AG deutlich unter deren Ertragswert.

Bewertungsaufgabe

Der beauftragte Wirtschaftsprüfer hat einen objektivierten Unternehmenswert zu ermitteln. Hierbei ist die mittelbare Typisierung der Besteuerung relevant. Demnach erfolgt nur die Berücksichtigung der Unternehmenssteuern. Die Tatsache, dass der Wirtschaftsprüfer den objektivierten Unternehmenswert auf der Basis von Ertragswerten ausrechnet, bedingt, dass das insgesamt nach Steuern von der Sunny AG erzielte Ergebnis Grundlage der Ertragswertberechnung ist. Die kapitalwertneutrale Wiederanlage der thesaurierten Ergebnisbeiträge hat zur Folge, dass die Ertragswertbewertung auf der Basis der von der Sunny AG nach Ertragsteuern erzielten Jahresüberschüsse zu erfolgen hat. Insoweit kommt der Thesaurierungsquote für die Ertragswertermittlung (bei unterstellter kapitalwertneutraler Wiederanlage) im Rahmen der mittelbaren Typisierung keine Bedeutung zu. Die Thesaurierungen sind allerdings in der integrierten Finanzplanung zu berücksichtigen.

Betriebsnotwendiges Vermögen

Zur Bewertung des betriebsnotwendigen Vermögens sind die geplanten Überschüsse um die auf das nicht betriebsnotwendige Vermögen entfallenden Beträge zu korrigieren. Diese belaufen sich p. a. (also Saldo der Erlöse und der Aufwendungen) auf 20.000 Euro positiven Ergebnisbeitrag. Damit ergeben sich folgende modifizierte Überschüsse:

- t1: 100.000 Euro
- t2: 140.000 Euro
- t3: 150.000 Euro
- ab t4: 156.000 Euro

Die Ausschüttungen für die bewertungsrelevanten Perioden nach Berücksichtigung der Steuerzahlungen aufgrund der vorstehenden Ergebnisse (EBT) sowie unter Berücksichtigung der Thesaurierungsquote ergeben sich wie folgt (unter Berücksichtigung der gewerbesteuerlichen Hinzurechnungen):

Jahr	t1	t2	t3	ab t4
EBT [in TEUR]	100	140	150	156
Hinzurechnungen GewSt	30	30	30	30

Jahr	t1	t2	t3	ab t4
KSt und SolZ (15,825 %)	Nutzung Verlustvortrag: 100	Nutzung Verlustvortrag: 140	–6,3 (nach Restnutzung Verlustvortrag: 110)	–24,7
GewSt (10,5 %)	Nutzung Verlustvortrag: 130	Nutzung Verlustvortrag: 170	–13,7 (nach Restnutzung Verlustvortrag: 50)	–19,5
Jahresergebnis nach Steuern [in TEUR]	100	140	130	111,8

Ableitung der Jahresergebnisse der Sunny AG

Die vorstehend ermittelten Ausschüttungen sind nunmehr mit dem entsprechenden Kapitalisierungszinssatz abzuzinsen. Dieser ermittelt sich für die erste Phase wie folgt:

3,5 % + (5,0 % × 1,2) = 9,5 %.

Jahr	t1	t2	t3
Jahresergebnis [in TEUR]	100	140	130
Barwertfaktor	$1/(1,095)^1$	$1/(1,095)^2$	$1/(1,095)^3$
Barwertfaktor	0,9132	0,8340	0,7617
Barwert [in TEUR]	91,32	116,76	99,02

Barwerte im Detailplanungszeitraum

Der summierte Barwert der ersten Phase beläuft sich auf 307.100 Euro.

Für die zweite Phase (Terminal Value) ist vom Kapitalisierungszinssatz der ersten Phase der Wachstumsabschlag i. H. v. 1,0 % zum Abzug zu bringen, sodass sich ein Kapitalisierungszinssatz von 8,5 % ergibt.

Für die zweite Phase ist das nachhaltige Jahresergebnis von 111.800 Euro zunächst als ewige Rente bei einem Zinssatz von 8,5 % zu errechnen (= 1.315.290 Euro) und dann mit dem Barwertfaktor der Periode t3 (0,7617) auf den 31.12.t0 abzuzinsen. Es ergibt sich ein Unternehmenswertbeitrag i. H. v. 1.001.860 Euro.

Der Unternehmenswert des betriebsnotwendigen Vermögens setzt sich somit aus den Wertbeiträgen der ersten und zweiten Phase zusammen und beträgt 1.308.960 Euro.

Nicht betriebsnotwendiges Vermögen

Die Sunny AG verfügt über eine Immobilie, die nicht betriebsnotwendiges Vermögen darstellt. Diese Immobilie ist zum 31.12.t0 mit ihrem Liquidationswert nach Steuern anzusetzen. Vereinfachend erfolgt die Berücksichtigung der Steuerbelastung ohne Berücksichtigung der Verlustvorträge, die bei der Ertragswertberechnung im Bereich des betriebsnotwendigen Vermögens aufgebraucht wurden.

Auf der Basis des Buchwerts der Immobilie (235.000 Euro), der Liquidationskosten (15.000 Euro), des geschätzten Veräußerungserlöses der Immobilie (650.000 Euro) und einer Steuerbelastung von 26,325 % ergibt sich eine Steuerbelastung im Zusammenhang mit der Veräußerung von 105.300 Euro. Der Netto-Mittelzufluss beträgt damit 529.700 Euro. Da die Veräußerung der Immobilie nicht unmittelbar zum 31.12.t0 erfolgen kann, sondern einen Zeitraum von ca. drei Jahren in Anspruch nehmen wird, ist dieser Betrag auf den 31.12.t0 mittels des Barwertfaktors für Periode t3 von 0,7617 abzuzinsen. Es ergibt sich ein Unternehmenswert für das nicht betriebsnotwendige Vermögen von 403.470 Euro.

Bewertungsergebnis

Der Unternehmenswert der Sunny AG zum 31.12.t0 beträgt damit 1.712.430 Euro.

Plausibilisierung

Um sein Bewertungsergebnis zu plausibilisieren, stehen dem Gutachter die Marktpreise der Sunny AG (ausgedrückt durch deren Marktkapitalisierung) sowie EBIT-Multiples zur Verfügung.

Das EBIT der Gesellschaft beträgt langfristig (abgeleitet aus dem Terminal Value) 166.000 Euro und ergibt sich aus dem EBT-Wert der Perioden t4 ff. und der Hinzurechnung von 10.000 Euro Finanzierungskosten, da von den angegebenen 15.000 Euro Finanzierungsaufwendungen p. a. 5.000 Euro auf das nicht betriebsnotwendige Vermögen entfallen und daher hier nicht weiter zu berücksichtigen sind.

Bei einem branchenüblichen EBIT-Multiple von rd. 7,9 ergibt sich ein Unternehmenswert von rund 1.311.000 Euro. Dieser Wert entspricht dem für das betriebsnotwendige Vermögen ermittelten Unternehmenswertanteil. Damit ist dieser Teil des Unternehmenswerts plausibel.

Basierend auf einem durchschnittlichen Kurs der Aktie der Sunny AG von 1,7 Euro ergibt sich eine Marktkapitalisierung der Gesellschaft von 1,7 Mio. Euro. Dieser Wert entspricht näherungsweise dem insgesamt für die Gesellschaft ermittelten Unternehmenswert.

DCF-Verfahren

Relevanz der Cashflow-Verfahren

Die Entwicklung des Bewertungsstandards IDW S 1 in der Vergangenheit hat gezeigt, dass die Verfahren zur Bewertung von Unternehmen nach IDW S 1 – das Ertragswertverfahren und die Discounted-Cashflow-Verfahren (DCF-Verfahren) – fortlaufend angepasst werden.

Dabei hat das Ertragswertverfahren nach IDW S 1 in den letzten zwei Jahrzehnten in der Praxis mit der zunehmenden Kapitalmarktorientierung der Rechnungslegung gegenüber den kapitalmarktorientierten DCF-Verfahren an Bedeutung eingebüßt, auch wenn es insbesondere im Zusammenhang mit mittelständischen Bewertungsfragen in der Praxis weiterhin dominiert.

Grundsätzlich herrscht **Methodenfreiheit** hinsichtlich des anzuwendenden Bewertungsverfahrens. Ertragswert- und DCF-Verfahren führen unter gleichen Annahmen zu identischen Ergebnissen. Denn auch die DCF-Verfahren beruhen jeweils auf dem Gedanken des Kapitalwertkalküls: In beiden Fällen werden stichtagsbezogene Barwerte zukünftiger finanzieller, entnahmefähiger Überschüsse ermittelt.

In Abhängigkeit von der Unternehmensgröße, Konzernstrukturen, der Kapitalmarktorientierung und der internationalen Ausrichtung der Bewertungsobjekte erfolgt die Wertermittlung mit dem Ertragswertverfahren oder mithilfe der DCF-Verfahren. Während für global agierende kapitalmarktorientierte Konzerne Bewertungsfragen regelmäßig unter Rückgriff auf DCF-Verfahren geklärt werden, dominiert bei nationalen, mittelständischen Unternehmen weiterhin die Anwendung des Ertragswertverfahrens. Bei identischen Annahmen führen indes beide Konzeptionen zum selben Unternehmenswert.

Systematik: Entity- und Equity-Ansatz

Zielgröße aller DCF-Kalküle ist die Ermittlung des Unternehmenswerts als **Marktwert des Eigenkapitals**, wobei jede DCF-Methode auf einer bestimmten Definition des bewertungsrelevanten Cashflows beruht, was gleichzeitig Auswirkungen auf die Ermittlung des Kapitalisierungszinssatzes zur Folge hat. Grundsätzlich lassen sich die DCF-Verfahren nach dem Nettoansatz („equity approach") und dem Bruttoansatz („entity approach") unterscheiden.

Der **Nettoansatz** (in Gestalt des Flow-to-equity-Ansatzes) berechnet den Marktwert des Eigenkapitals direkt durch Diskontierung der den Eignern zufließenden entziehbaren Überschüsse mit einem risikoangepassten Eigenkapitalkostensatz.

Der **Bruttoansatz** berechnet hingegen zunächst den Unternehmensgesamtwert als Gesamtkapital des Unternehmens, der dann auf die Anspruchsinhaber (Eigner versus Gläubiger) aufzuteilen ist. Das heißt, der Marktwert des Eigenkapitals ist durch Subtraktion des Marktwerts des Fremdkapitals vom Gesamtkapital abzuleiten.

Dabei untergliedert sich der Bruttoansatz – mit Blick auf die Ermittlung des Unternehmensgesamtwerts – weiter in die Weighted-Average-Cost-of-Capital-Methode (WACC-Ansatz) und in die Adjusted-Present-Value-Methode (APV-

Ansatz). Zwar basieren sowohl WACC- als auch APV-Ansatz auf den entziehbaren Überschüssen unverschuldeter Unternehmen, den Free Cashflows (FCF), doch unterscheiden sich die Bruttoverfahren in der Abbildung der fremdfinanzierungsbedingten Steuervorteile, der sog. Tax Shields. Wesen des fremdfinanzierungsbedingten Steuervorteils ist die Tatsache, dass Zahlungen an Fremdkapitalgeber (z. B. Zinsaufwand) ergebnismindernd geltend gemacht werden und damit das zu versteuernde Ergebnis mindern, während Zahlungen an Eigenkapitalgeber aus dem versteuerten Ergebnis geleistet werden müssen.

Tax Shields entstehen somit dadurch, dass Fremdkapitalzinsen auf Unternehmensebene steuermindernd zum Abzug gebracht werden können.

Prinzipiell sind bei der Ermittlung von Unternehmenswerten unabhängig von der gewählten Methode sämtliche ertragsabhängigen Steuerzahlungen, d. h. sowohl was das Bewertungsobjekt als auch was die Bewertungsalternative betrifft, im Bewertungskalkül abzubilden.

Hierbei ist jedoch zwischen einer mittelbaren und einer unmittelbaren Typisierung der steuerlichen Verhältnisse der Anteilseigner zu unterscheiden: Bei Ersterer werden nur die auf der Unternehmensebene anfallenden (Ertrag-) Steuern, d. h. Gewerbe- und Körperschaftsteuer inkl. Solidaritätszuschlag, erfasst, wohingegen bei Letzterer auch die persönlichen Ertragsteuern, Einkommen- bzw. Abgeltungsteuer inkl. Solidaritätszuschlag sowie u. U. die Kirchensteuer, Berücksichtigung finden.

Der Entity-Ansatz

Der Entity-Ansatz (Bruttoverfahren) ermittelt in einem ersten Schritt den Unternehmensgesamtwert. Durch Subtraktion des Marktwerts des Fremdkapitals errechnet sich in einem zweiten Schritt der Unternehmenswert im Sinne des Eigenkapitalwerts des Unternehmens. Als häufigstes Verfahren finden in der Praxis der APV- und der WACC-Ansatz Anwendung.

Der APV-Ansatz

Der APV-Ansatz geht im Unterschied zu den anderen DCF-Verfahren modular vor, indem er den Unternehmensgesamtwert in seine einzelnen Wertbeiträge aufteilt. Dabei wird zunächst das Bewertungsobjekt als **unverschuldet** angenommen. Sämtliche Free Cashflows stehen daher fiktiv den Eigenkapitalgebern zur Verfügung. Deshalb sind Leistungen auf das Fremdkapital in Leistungen auf das Eigenkapital „umzuqualifizieren". Dies erfordert konsequenterweise auch die Neuberechnung von steuerlichen Bemessungsgrundlagen und Steuern jeweils auf Ebene des Unternehmens und des Anteilsinhabers/Investors. Die Steuerlasten werden also zunächst bewusst falsch berechnet, weil man den Betriebsausgabencharakter von Leistungen auf das Fremdkapital vorläufig nicht berücksichtigt. Den Steuervorteil des Fremdkapitals blendet der APV-Ansatz jedoch nicht endgültig aus. Seine Erfassung erfolgt über den Ansatz eines Tax Shield.

Da die Existenz von Fremdkapital negiert wird, sind die Free Cashflows mit den Renditeforderungen der Eigenkapitalgeber eines fiktiv eigenfinanzierten Unternehmens zu diskontieren. Es ist daher stets auf ein unverschuldetes Unternehmen abzustellen.

Es gilt für die mittelbare Typisierung, d. h. zur Ermittlung der unverschuldeten Kapitalkosten (k_u):

$$k_u = r_f + MRP \times \beta_u$$

Für die unmittelbare Typisierung ist die MRP nach persönlichen Steuern (MRP_s) zu nehmen und der Basiszinssatz ist um die persönliche Steuerbelastung beim Anteilseigner (s^p), die sich bei einer Alternativinvestition in Aktien aus der Abgeltungsteuer und dem Solidaritätszuschlag zusammensetzt, zu kürzen. Es gilt:

$$k_{u,s} = r_f \times (1 - s^p) + MRP_S \times \beta_u$$

Der Marktwert des Eigenkapitals des als unverschuldet angenommenen Unternehmens ergibt sich als Summe der über die einzelnen Perioden abgezinsten FCF.

Bei der Berechnung des Marktwerts des als unverschuldet angenommenen Unternehmens bleiben die Tax Shields unberücksichtigt. Fremdkapital ist jedoch regelmäßig steuerlich günstiger als Eigenkapital. Das Begünstigen der Leistungen an die Fremdkapitalgeber verbessert die Zahlungen an die Gesamtkapitalgeber in Höhe der ersparten Körperschaft- und Gewerbeertragsteuer.

Für die mittelbare Typisierung besteht dieser Unternehmenssteuereffekt damit aus Multiplikation der Fremdkapitalzinsen mit dem Unternehmenssteuersatz (s^{unt}). Dabei ist im Einzelfall die Hinzurechnung von Zinsaufwendungen bei der Gewerbesteuer zu berücksichtigen. Hierdurch mindert sich die Vorteilhaftigkeit der Zinsen entsprechend, da diese bis zu einem Viertel dem EBT hinzuzurechnen sind.

Es ist zu beachten, dass die Zinsen der Periode t auf das Fremdkapital (FK^{MW}) der Vorperiode (t – 1) anfallen.

Der Wertbeitrag der Tax Shields (TS) errechnet sich unter der Annahme einer autonomen Finanzierung (sicherer Fremdkapitalbestand: Abzinsung mit risikolosem Fremdkapital-Zinssatz [i]) bei einer mittelbaren Typisierung wie folgt:

$$TS = \sum_{t=1}^{\infty} \frac{s^{unt} \times i \times FK_{t-1}}{(1+i)^t}$$

Aus dem Wert der Tax Shields und dem Unternehmenswert bei Eigenfinanzierung (UW_u) resultiert schließlich der Unternehmensgesamtwert (UGW), der sich auf Eigner und Gläubiger (also auf das Eigen- und das Fremdkapital zu Marktwerten) aufteilt:

$$UW_u + TS = UGW = EK^{MW} + FK^{MW}$$

Für Zwecke einer unmittelbaren Typisierung wird der Steuervorteil aus dem Tax Shield zusätzlich um persönliche Ertragsteuern (Abgeltungsteuer und Solidaritätszuschlag) (s^p) gekürzt. Entsprechend setzt sich der Unternehmensgesamtwert nach persönlichen Steuern aus den um die persönlichen Steuereffekte geminderten Marktwerten des Eigen- und des Fremdkapitals zusammen.

Der Marktwert des Fremdkapitals kann zu Zwecken der Unternehmensbewertung unter der Annahme einer üblichen Verzinsung mit dem Buchwert gleichgesetzt werden. Somit gilt für den Unternehmenswert UW bzw. hier

Marktwert des Eigenkapitals EK^{MW} (= Teil des Unternehmensgesamtwerts, der auf die Eigentümer entfällt):

$$UW = EK^{MW} = UGW - FK^{MW}$$

mit $FK^{MW} = FK$

Vorgehensweise beim APV-Ansatz

Ausgehend von den Planungsrechnungen und einer darin ausgewiesenen Ergebnisgröße ist zunächst der **Free Cashflow (FCF)** eines unverschuldeten Unternehmens zu ermitteln.

- Ausgehend vom EBIT wird auf der Grundlage der Unternehmenssteuerbelastung die fiktive Ertragsteuer bei vollständiger Eigenfinanzierung errechnet.
- Nach Abzug dieser Rechengröße ergibt sich der NOPLAT („net operating profit less adjusted taxes“).
- Die in den Planungsrechnungen enthaltenen Abschreibungen sind zu addieren (da sie nicht zahlungswirksam sind).
- Im Gegenzug sind die notwendigen Investitionen sowie die sich aus den Planbilanzen ergebenden Veränderungen des Nettoumlaufvermögens zu korrigieren.
- Die vorstehend korrigierte Größe stellt den Free Cashflow dar.

Auf der Basis der ermittelten Free Cashflows ist der **Marktwert des Eigenkapitals** zu ermitteln.

- Der Free Cashflow ist mit den unverschuldeten Kapitalkosten abzuzinsen. Das Ergebnis ist der Unternehmenswert des fiktiv unverschuldeten Unternehmens (UW_u).

- Die Zinsaufwendungen sind mit dem Unternehmenssteuersatz zu multiplizieren und mit dem Fremdkapitalzinssatz abzuzinsen. Der Barwert der Beträge ergibt den Wertbeitrag des Tax Shield (TS).
- Die Summe von UW_u und TS ergibt den Unternehmensgesamtwert (UGW).
- Von dem so ermittelten Unternehmensgesamtwert ist der Marktwert (vielfach vereinfachend der Buchwert) des zum Bewertungsstichtag bilanzierten verzinslichen Fremdkapitals abzuziehen. Das Ergebnis ist der Marktwert des Eigenkapitals.

Beispiel zum APV-Ansatz

Im Folgenden wird der Unternehmenswert der Sun & Fun GmbH zum 31.12.t0 ermittelt. Der Unternehmenswert ist auf der Basis der mittelbaren Typisierung zu bestimmen. Hierzu liegen umfassende Planungsrechnungen vor. Der Detailplanungszeitraum umfasst drei Jahre (t1–t3). Zum 31.12.t0 beträgt der Buchwert (= Marktwert) des verzinslichen Fremdkapitals 115 Mio. Euro.

Auf der Grundlage der Planungsrechnungen liegen Angaben zu den Abschreibungen, den notwendigen Investitionen sowie der Veränderung des Nettoumlaufvermögens vor.

Der risikolose Basiszinssatz (r_f) zum 31.12.t0 beträgt 3,0 %. Der Fremdkapitalzinssatz (i) beträgt ebenfalls 3,0 %. Die Marktrisikoprämie ist mit 5,5 % anzusetzen. Für den Betafaktor der fiktiv unverschuldeten Sun & Fun GmbH wird der anhand einer börsennotierten Peergroup abgeleitete Wert von 1,2 angesetzt.

Der Kapitalisierungszinssatz für das unverschuldete Unternehmen (k_u) beträgt demnach 3,0 % + 1,2 × 5,5 % = 9,60 %.

Der Unternehmenssteuersatz beträgt 30,0 %. Eine gewerbesteuerliche Hinzurechnung der Zinsaufwendungen wird aus Vereinfachungsgründen nicht berücksichtigt.

Es wird eine Vollausschüttung der Free Cashflows nach Realisierung aller vorteilhaften Investitionen angenommen. Die Free Cashflows sind wie folgt abzuleiten:

[in Mio. Euro]	t1	t2	t3	t4 ff.
EBT	40	33	29	34
zzgl. Zinsaufwand	3	4	4	4
EBIT	43	37	33	38
Ertragsteuern bei fiktiver Eigenfinanzierung (s = 30,0 %)	13	11	10	12
NOPLAT	30	26	23	26
Abschreibungen	15	17	19	19
Veränderung Nettoumlaufvermögen	–1	–11	3	0
Investitionen	–30	–30	–19	–19
Free Cashflow	14	2	26	26

Ableitung der Free Cashflows der Sun & Fun GmbH

Die vorstehend ermittelten Free Cashflows sind mit dem Kapitalisierungszinssatz für das unverschuldete Unternehmen (9,60 %) abzuzinsen, um den Unternehmenswert des unverschuldeten Unternehmens (UW_u) zu erhalten.

[in Mio. Euro]	t1	t2	t3	t4 ff.
Free Cashflow	14	2	26	26
Zinssatz k_u	9,60 %	9,60 %	9,60 %	9,60 %
Barwertfaktor	0,9124	0,8325	0,7596	7,9122
Barwert	12,77	1,66	19,75	205,72
UW_u	239,90			

Ermittlung des Unternehmenswerts der Sun & Fun GmbH

Ausgehend von den als Aufwand erfassten – und steuerlich abzugsfähigen – Fremdkapitalzinsen ist der Wertbeitrag des Tax Shields (TS) zu bemessen. Hierbei sind die auf den Zinsaufwand entfallenden Steuerbeträge mit dem Fremdkapitalzinssatz abzuzinsen.

[in Mio. Euro]	t1	t2	t3	t4 ff.
Zinsaufwand	3	4	4	4
Tax Shield (s = 30,0 %)	0,9	1,2	1,2	1,2
Zinssatz (i)	3,0 %	3,0 %	3,0 %	3,0 %

[in Mio. Euro]	t1	t2	t3	t4 ff.
Barwertfaktor	0,9709	0,9426	0,9151	30,5047
Barwert	0,87	1,13	1,10	36,61
TS	39,71			

Ermittlung des Tax Shields der Sun & Fun GmbH

Im Anschluss an die Ermittlung des Unternehmenswerts des unverschuldeten Unternehmens (UW_u) und des Tax Shield (TS) ist unter Berücksichtigung des Marktwerts des Fremdkapitals (FK^{MW}) der Marktwert des Eigenkapitals (EK^{MW}) zu bestimmen.

Der Wert der fiktiv unverschuldeten Sun & Fun GmbH beträgt 239,90 Mio. Euro; der Wert der Tax Shields zum 31.12.t0 39,71 Mio. Euro (TS); addiert ergibt dies einen Unternehmensgesamtwert von 279,61 Mio. Euro. Nach Abzug des Fremdkapitals i. H. v. 115 Mio. Euro ergibt sich ein Marktwert des Eigenkapitals zum 31.12.t0 i. H. v. 164,61 Mio. Euro.

Der WACC-Ansatz

Der auch FCF-Ansatz genannte WACC-Ansatz errechnet den Unternehmenswert – analog zum APV-Ansatz – „brutto" durch Kürzung des wertmäßig identischen Unternehmensgesamtwerts um die Ansprüche der Gläubiger (also durch Abzug des Marktwerts des Fremdkapitals). Allerdings wird der Unternehmensgesamtwert nicht fiktiv zerlegt, sondern direkt durch Diskontierung der Free Cashflows mit den gewogenen durchschnittlichen Kapitalkosten WACC bestimmt. Die von der Verschuldung ausgehenden Steuereffekte werden hierbei durch Kürzung der Fremdkapitalkosten um die Unternehmenssteuern direkt im WACC berücksichtigt, sodass eine separate Hinzurechnung wie im APV-Ansatz unterbleibt.

Schließlich ist zu beachten, dass bei **autonomer Finanzierung** der Verschuldungsgrad, basierend auf Marktwerten, nicht konstant bleibt, der WACC somit periodenspezifisch zu ermitteln ist. Daher gilt bei mittelbarer Typisierung grundsätzlich:

$$WACC = k_v \times \frac{EK^{MW}}{UGW} + i \times (1 - s^{unt}) \times \frac{FK^{MW}}{UGW}$$

Vorstehende Formel ermittelt die gewichteten Kapitalkosten unter Berücksichtigung der Gewichtung der Marktwerte von Eigen- und Fremdkapital zum Unternehmensgesamtwert. Hierbei wird der Steuervorteil der Fremdkapitalzinsen berücksichtigt. Für den Fall der unmittelbaren Typisierung sind die persönlichen Steuern zusätzlich zu berücksichtigen. Aufgrund der sich im Zeitablauf ändernden Verschuldung des zu bewertenden Unternehmens ist der WACC grundsätzlich periodenspezifisch zu ermitteln.

Während die Fremdkapitalkosten (i) relativ problemlos aus der Verzinsung des Fremdkapitals abgeleitet werden können, sind die Eigenkapitalkosten hinsichtlich der (periodenspezifisch) realisierten Kapitalstruktur anzupassen. Wird der Betafaktor aus einer Peergroup gewonnen, so muss dieser nach einem „Un-Levering" (Ermittlung eines unverschuldeten Betafaktors) um das Kapitalstrukturrisiko des zu bewertenden Unternehmens angepasst werden („Re-Levering").

Bei mittelbarer Typisierung gilt zur Ermittlung der Eigenkapitalkosten des verschuldeten Unternehmens und unter Berücksichtigung des Wertbeitrags des Tax Shield:

$$k_v = r_f + MRP \times \beta_v \text{ mit } \beta_v = \beta_u \times \left[1 + \frac{FK^{MW} - TS}{EK^{MW}}\right]$$

Die vorstehende Ermittlung hat grundsätzlich periodenspezifisch zu erfolgen, da sich das Verhältnis der Marktwerte von Fremd- und Eigenkapital im Zeitablauf ändert. Bei der Anpassung des Betafaktors und der Gewichtung der Kapitalkosten tritt das zentrale Problem des WACC-Ansatzes auf, nämlich die Anpassung und Gewichtung auf der Basis von Marktwerten (des Fremd- und des Eigenkapitals).

Während der Marktwert des Fremdkapitals i. d. R. dem Buchwert aus der Planbilanz entspricht, stellt der Marktwert des Eigenkapitals die eigentliche Zielgröße des Bewertungskalküls dar, sodass insofern ein **Zirkularitätsproblem** auftritt: Die Zielgröße wird für die Lösung des Bewertungskalküls als bereits bekannt vorausgesetzt. Denn sie wird sowohl für die Gewichtung der Kapitalkosten (WACC) als auch für das Re-Levering des Betafaktors (β_v) benötigt. Als Lösung bietet sich daher in der Praxis eine iterative Berechnung an (**„roll-back"**).

Eine zutreffende Ermittlung der gewichteten Kapitalkosten (WACC) setzt die Berücksichtigung der in der jeweiligen Periode relevanten Kapitalstruktur des verschuldeten Unternehmens voraus. Sofern aus Vereinfachungsgründen keine konstante Verschuldung (und damit keine konstanten Kapitalkosten) angenommen werden können, müssen die gewichteten Kapitalkosten periodenspezifisch ermittelt werden.

Das Zirkularitätsproblem wird hingegen hinfällig, wenn anstelle einer autonomen (d. h. periodenspezifisch abweichenden) eine **„atmende" (= wertorientierte) Finanzierungspolitik** angenommen wird, die das Fremdkapitalvolumen an den Marktwert des Eigen- bzw. Gesamtkapitals bindet. Da die Gewichtung von Eigen- und Fremdkapital (auf Marktwertbasis) und damit auch der WACC konstant bleiben, gilt:

$$UGW = \sum_{t=1}^{\infty} \frac{FCF_t}{(1+WACC)^t}$$

Da die Annahme einer von der tatsächlichen Kapitalstruktur abweichenden Zielkapitalstruktur zu Ergebnisverzerrungen führt, empfiehlt es sich, den Unternehmensgesamtwert – trotz eines vermeintlich höheren Rechenaufwands – iterativ zu ermitteln. Auf eine periodenspezifische Ermittlung des WACC kann allerdings in den Fällen verzichtet werden, in denen nachvollziehbar unterstellt werden kann, dass das Verhältnis der Marktwerte von Eigen- und Fremdkapital zueinander über die Laufzeit annähernd gleich bleiben.

> Für den Fall einer im Zeitablauf vergleichsweise konstanten Verschuldung (gemessen am Verhältnis der Marktwerte von Eigen- und Fremdkapital) kann auf die periodenspezifische Ermittlung der gewichteten Kapitalkosten verzichtet werden.

Die Annahme einer **konstanten Kapitalstruktur** ist stets vor dem Hintergrund des zu bewertenden Unternehmens und dessen in der Planungsrechnung zu berücksichtigenden Entwicklung zu prüfen. Denn die Annahme einer konstanten Verschuldung bedeutet u. a., dass alle Investitionsprojekte in jeder Periode gemäß der konstanten Kapitalstruktur finanziert werden. Dies stellt aber, speziell in der Detailplanungsphase, eher die Ausnahme als die Regel dar. Auch kann die Sinnhaftigkeit einer konstanten Kapitalstruktur durchaus angezweifelt werden: So würde eine sich in einem steigenden Unternehmenswert niederschlagende Rentabilitätsverbesserung gleichzeitig zu einer weiteren Aufnahme von Fremdkapital führen. Umgekehrt würden bei einem Unternehmensabschwung (= sinkender Unternehmenswert) Kredite zurückgeführt. Und schließlich wären bei konstanter Kapitalstruktur die Ausschüttungen an die Eigner bereits determiniert. Wird zudem eine Zielkapitalstruktur unterstellt, die deutlich von der tatsächlichen Kapitalstruktur divergiert, kann es zu mitunter gravierenden Ergebnisverzerrungen kommen.

Vorgehensweise beim WACC-Ansatz

Ausgehend von den Planungsrechnungen und einer darin ausgewiesenen Ergebnisgröße ist zunächst der Free

Cashflow (FCF) eines unverschuldeten Unternehmens zu ermitteln. Hierbei gilt die bereits beim APV-Ansatz beschriebene Vorgehensweise.

Grundlage der Unternehmenswertberechnung sind die ermittelten Free Cashflows. Diese sind mit den periodenspezifisch gewichteten Kapitalkosten abzuzinsen. Hierbei setzen sich die periodisch gewichteten Kapitalkosten aus den Eigenkapitalkosten des verschuldeten Unternehmens und den Fremdkapitalkosten des verschuldeten Unternehmens unter Berücksichtigung des Tax Shield zusammen. Für die Gewichtung sind die Eigen- und Fremdkapitalkosten auf der Basis des Roll-back-Verfahrens mit ihrem periodenspezifischen Verhältnis der Marktwerte zum Unternehmensgesamtwert zu gewichten. An dieser Stelle kommt das Zirkularitätsproblem zum Tragen, da die Gewichtung der Marktwerte von Fremd- und Eigenkapital zum Unternehmensgesamtwert jeweils bereits die Ermittlung des Unternehmensgesamtwerts voraussetzt.

Von dem so ermittelten Unternehmensgesamtwert ist der Marktwert (vielfach vereinfachend der Buchwert) des zum Bewertungsstichtag bilanzierten verzinslichen Fremdkapitals abzuziehen. Das Ergebnis ist der Marktwert des Eigenkapitals.

Beispiel zum WACC-Ansatz

Im Folgenden wird der Unternehmenswert der Milch & Honig GmbH zum 31.12.t0 ermittelt. Der Unternehmenswert ist auf der Basis der mittelbaren Typisierung zu bestimmen. Hierzu liegen umfassende Planungsrechnungen vor. Der Detailplanungszeitraum umfasst drei Jahre (t1–t3).

Das zum 31.12.t0 ausgewiesene, verzinsliche Fremdkapital beträgt 200 Mio. Euro.

Der risikolose Basiszinssatz (r_f) zum 31.12.t0 beträgt 3,0 %. Der Fremdkapitalzinssatz (i) beträgt ebenso 3,0 %. Die Marktrisikoprämie ist nach den Empfehlungen des FAUB mit 5,5 % anzusetzen. Aus einer angemessenen Peergroup leitet sich ein Betafaktor für ein unverschuldetes Unternehmen (β_u) von 0,8 ab.

Die aktuelle Verschuldung des Unternehmens zu Marktwerten beträgt 40,0 %. Diese Kapitalstruktur ist gleichzeitig als Zielkapitalstruktur anzunehmen und berücksichtigt bereits den Wertbeitrag des Tax Shield.

Der Unternehmenssteuersatz (s) beträgt 30,0 %. Eine gewerbesteuerliche Hinzurechnung der Zinsaufwendungen wird aus Vereinfachungsgründen nicht berücksichtigt.

Für die Ermittlung der Eigenkapitalkosten des verschuldeten Unternehmens (k_v) ist zunächst der verschuldete Betafaktor (β_v) zu bestimmen. Dieser ergibt sich wie folgt:

$$\beta_v = 0{,}8 \times (1 + 0{,}4) = 1{,}12$$

Somit errechnen sich die Eigenkapitalkosten des verschuldeten Unternehmens wie folgt:

$$k_v = 3{,}0\ \% + 5{,}5\ \% \times 1{,}12 = 9{,}16\ \%.$$

Die gewichteten Kapitalkosten (WACC) bestimmen sich wie folgt:

$$\begin{aligned} WACC &= (9{,}16\ \% \times 0{,}6) + (3{,}0\ \% \times [1 - 30{,}0\ \%] \times 0{,}4) = \\ &= 5{,}496\ \% + 0{,}84\ \% = 6{,}336\ \% \approx 6{,}34\ \% \end{aligned}$$

Es wird eine Vollausschüttung der Free Cashflows nach Realisierung aller vorteilhaften Investitionen angenommen.

Die Free Cashflows sind lt. vorliegenden Planungsrechnungen wie folgt abzuleiten:

[in Mio. Euro]	t1	t2	t3	t4 ff.
EBT	40	42	44	46
zzgl. Zinsaufwand	6	6	6	6
EBIT	46	48	50	52
Ertragsteuern bei fiktiver Eigenfinanzierung	14	14	15	16
NOPLAT	32	34	35	36
Abschreibungen	15	15	16	16
Veränderung Nettoumlaufvermögen	–2	–3	–3	–4
Investitionen	–16	–16	–16	–16
Free Cashflow	29	30	32	32

Ermittlung des Free Cashflows der Milch & Honig GmbH

Die vorstehend ermittelten Free Cashflows sind mit dem ermittelten WACC abzuzinsen, um den Unternehmensgesamtwert (UGW) zu erhalten.

[in Mio. Euro]	t1	t2	t3	t4 ff.
Free Cashflow	29	30	32	32
WACC	6,34 %	6,34 %	6,34 %	6,34 %
Barwertfaktor	0,9404	0,8843	0,8316	13,1166
Barwert	27,27	26,53	26,61	419,73
UGW	500,14			

Ermittlung des Unternehmensgesamtwerts der Milch & Honig GmbH

Im Anschluss an die Ermittlung des Unternehmensgesamtwerts ist unter Berücksichtigung des Marktwerts des Fremdkapitals (FK^{MW}) der Marktwert des Eigenkapitals (EK^{MW}) zu bestimmen.

Nach Abzug des Fremdkapitals i. H. v. 200,00 Mio. Euro ergibt sich ein Marktwert des Eigenkapitals zum 31.12. t0 i. H. v. Mio. Euro 300,14.

Das Verhältnis von Fremd- und Eigenkapital entspricht zum 31.12.t0 der angenommenen Verschuldung von 40,0 %.

Equity-Ansatz

Vorgehensweise beim Equity-Ansatz

Das Equity-Verfahren berechnet den Unternehmenswert direkt durch Diskontierung der den Eignern zufließenden Überschüsse, dem Flow to Equity (FTE), mit den Eigenkapitalkosten eines verschuldeten Unternehmens k_v (Nettoverfahren). Das Bewertungsergebnis des Equity-Ansatzes stellt damit den Unternehmenswert im Sinne des Eigenkapitalwerts des Unternehmens dar.

Analog zum WACC-Ansatz sind die Kapitalkosten periodenspezifisch zu ermitteln, wobei die Eigenkapitalkosten des verschuldeten Unternehmens mit den in den WACC einfließenden Eigenkapitalkosten (wenngleich ohne Gewichtung) identisch sind. Es gilt für die mittelbare Typisierung:

$$k_v = r_f + MRP \times \beta_v$$

Bei der Anpassung des Betafaktors an die Kapitalstruktur tritt wiederum ein Zirkularitätsproblem auf, weil hierzu die Kenntnis des Marktwerts des Eigenkapitals, also des gesuchten Unternehmenswerts, vorausgesetzt wird. Daher muss der Unternehmenswert iterativ bestimmt werden.

Grundlage des Equity-Ansatzes ist die Abzinsung der den Eigenkapitalgebern zufließenden Cashflows. Diese werden mit dem jeweiligen (periodenspezifischen) Kapitalisierungszinssatz ($k_{v,t}$) des verschuldeten Unternehmens abgezinst. Der Unternehmenswert bei mittelbarer Typisierung ergibt sich damit wie folgt:

$$UW = \sum_{t=1}^{\infty} \frac{FTE_t}{(1+k_{v,t})^t}$$

> **!** Die Ermittlung des Unternehmenswerts auf der Basis des Equity-Verfahren auf Grundlage des FTE entspricht methodisch annähernd dem Ertragswertverfahren.

Equity-Ansatz vs. Ertragswertverfahren

Das Ertragswertverfahren gem. IDW S 1 wird auch als spezielle „deutsche Variante des Equity-Ansatzes" interpretiert, weil beim Ertragswertverfahren – neben der Beachtung des **Zuflussprinzips** (Diskontierung von Zuflüssen i. S. v. Ausschüttungen zzgl. Einlagen und abzgl. sonstiger Entnahmen) – die Berechnung des Zinssatzes i. d. R. kapitalmarkttheoretisch, d. h. gem. CAPM (Capital Asset Pricing Model) bzw. Tax-CAPM, sowie periodenspezifisch auf der Basis von Marktwerten erfolgt.

Da zudem unstreitig ist, dass Ertragswertverfahren und DCF-Verfahren die zu diskontierenden finanziellen Überschüsse unter Berücksichtigung der Substanzerhaltung und der gesellschaftsrechtlichen Ausschüttungsgrenzen identisch prognostizieren, kommen beide Verfahren auch zu denselben Ergebnissen.

Im Weiteren wird daher auf die Ausführungen zum Ertragswertverfahren verwiesen. Zu betonen ist, dass der nach dem deutschen Ertragswertverfahren ermittelte Ertragswert vom Marktwert des Eigenkapitals im Equity-Ansatz divergiert, wenn der Kapitalisierungszinssatz nicht kapitalmarkttheoretisch über das CAPM, sondern individuell nach den Präferenzen des Bewertungssubjekts ermittelt wird.

> Auf der Grundlage des Equity-Ansatzes (DCF-Verfahren) sowie des Ertragswertverfahrens lässt sich unmittelbar der Marktwert des Eigenkapitals des Unternehmens bestimmen, mithin also dessen eigentlicher Unternehmenswert.

Beispiel zum Equity-Ansatz

Die Turbo GmbH ist zum 31.12.t0 zu bewerten. Der Basiszinssatz zum 31.12.t0 beträgt 2,75 %. Die Marktrisikoprämie ist mit 5,0 % anzunehmen. Ein Wachstumsabschlag ist nicht zu berücksichtigen.

Die Steuerbelastung der Gesellschaft beträgt 30,0 %; es liegen keine steuerlichen Verlustvorträge vor. Die Ergebnisgrößen in Handels- und Steuerbilanz sind gleich.

Das unverschuldete Beta (β_u), das auf der Grundlage einer angemessenen Peergroup ermittelt wurde, beträgt 1,0. Der aktuelle Verschuldungsgrad der Turbo GmbH – auf der Basis von Marktwerten – beträgt 35,0 %. Es ist für die Bewertung davon auszugehen, dass diese Kapitalstruktur auch langfristig angemessen und im Zeitablauf konstant ist. Das verzinsliche Fremdkapital beträgt zum 31.12.t0 rd. 120 Mio. Euro und wird mit 5,0 % verzinst.

Die Abschreibungen der Turbo GmbH entsprechen ceteris paribus den jährlich notwendigen Ersatzinvestitionen. Erweiterungsinvestitionen sind nicht geplant, da diese nicht notwendig sind.

Veränderungen des Nettoumlaufvermögens sind nicht weiter zu berücksichtigen. Die Zinsaufwendungen fallen im Wesentlichen für die Inanspruchnahme von Kreditlinien an. Tilgungszahlungen sind ebenfalls nicht zu berücksichtigen.

Die Gesellschaft plant derzeit und gegenwärtig eine Ausschüttung von 50,0 % der Gewinne. Handelsrechtliche Ausschüttungsbeschränkungen liegen nicht vor. Die thesaurierten Beträge werden kapitalwertneutral angelegt.

Für die Turbo GmbH liegen folgende Planungsrechnungen (Detailplanungszeitraum t1-t3, Terminal Value ab t4) vor:

[in Mio. Euro]	t1	t2	t3	t4 ff.
EBITDA	100	105	108	110
Abschreibungen	10	10	10	10
Zinsaufwand	6	6	6	6
EBT	84	89	92	94
Steuerbelastung (s = 30,0 %)	25,2	26,7	27,6	28,2
Ergebnis nach Steuern	58,8	62,3	64,4	65,8
+ Abschreibungen	10	10	10	10
./. Investitionen	10	10	10	10
Cashflow = Ergebnis nach Steuern	58,8	62,3	64,4	65,8

Ermittlung des Cashflows / Ergebnis nach Steuern der Turbo GmbH

Am vorliegenden Beispiel sieht man, dass bei vereinfachenden Annahmen (z. B. Investitionen in Höhe der Abschreibungen, keine Tilgung von Fremdkapital, keine periodenspezifische Kapitalbindung im Umlaufvermögen, keine Berücksichtigung von Rückstellungsveränderungen) der Cashflow sowie das Ergebnis nach Steuern gleich sind.

Ausgehend von dieser Größe hat die Abzinsung der ausschüttbaren Cashflows (nach Thesaurierung) zu erfolgen.

Der Kapitalisierungszinssatz für die Turbo GmbH errechnet sich wie folgt:

$k_v = 2{,}75\ \% + 5{,}0\ \% \times \beta_v$

mit $\beta_v = \beta_u \times (1 + 0{,}35) = 1{,}0 \times 1{,}35 = 1{,}35$

$k_v = 2{,}75\ \% + 5{,}0\ \% \times 1{,}35 = 9{,}50\ \%$

[in Mio. Euro]	t1	t2	t3	t4 ff.
Cashflow = Ergebnis nach Steuern	58,8	62,3	64,4	65,8
Thesaurierung (50,0 %)	29,40	31,15	32,20	32,90
Flow to Equity (FTE)	29,40	31,15	32,20	32,90
Zinssatz k_v	9,50 %	9,50 %	9,50 %	9,50 %
Barwertfaktor	0,9132	0,8340	0,7617	8,0174
Barwert	26,85	25,98	24,53	263,77
UW = EK^{MW}	341,13			

Ermittlung des Unternehmenswerts der Turbo GmbH

Der Marktwert des Eigenkapitals zum 31.12.t0 beträgt 341,13 Mio. Euro. Bei einem zum Bilanzstichtag vorliegenden Fremdkapital i. H. v. 120 Mio. Euro ergibt sich eine Verschuldung von rund 35,0 %.

Beteiligungsbewertung

IDW RS HFA 10 als Grundlage

Beteiligungen an Unternehmen (unabhängig von deren Rechtsform) sind zu fortgeführten Anschaffungskosten zu bewerten. Nach HGB muss allerdings dann eine Abschreibung der Beteiligung erfolgen, wenn der Wert der Beteiligung dauerhaft wertgemindert ist. Das Gesetz regelt in diesem Zusammenhang nicht, wie die Bewertung zu erfolgen hat. In der Praxis ist – spätestens bei Anzeichen auf eine mögliche Wertminderung – der Wert der Beteiligung zum Bilanzstichtag zu beurteilen. Mit anderen Worten: Es ist eine Beteiligungsbewertung erforderlich.

IDW RS HFA 10 konkretisiert die vom Berufsstand der Wirtschaftsprüfer anzuwendenden allgemeinen betriebswirtschaftlichen Grundsätze der Unternehmensbewertung für Zwecke der Beteiligungsbewertung. Als einen Bewertungsanlass führt das Rahmenkonzept des IDW S 1 die (Gesamt-)Bewertung von Unternehmen für Zwecke der externen Rechnungslegung auf. Der einer Beteiligung am Stichtag beizulegende Wert ist als Zukunftserfolgswert grundsätzlich mittels Ertragswertverfahren bzw. DCF-Verfahren zu ermitteln. Insoweit verweist IDW RS HFA 10 auf die Grundsätze des IDW S 1.

> Die Beteiligungsbewertung nach IDW RS HFA 10 folgt den Grundsätzen der Unternehmensbewertung nach IDW S 1. **!**

Bewertungskonzept

Unterscheidung in Abhängigkeit von der Halteabsicht

Das Bewertungskonzept des IDW S 1 unterscheidet zwischen objektivierten und subjektiven Unternehmenswerten. Hieran schließt die Berücksichtigung von Steuern bei der Bewertung an. Die Unterscheidung sieht wie folgt aus:

- **objektivierter Unternehmenswert**: typisierter Zukunftserfolgswert aus der Perspektive eines potenziellen Erwerbers bei Unternehmensfortführung mit unverändertem Konzept (Stand-alone-Betrachtung)
- **subjektiver Unternehmenswert**: Berücksichtigung der individuellen Verhältnisse und Möglichkeiten aus der Perspektive des Anteilseigners

Bezogen auf die zu bewertende Beteiligung kommt es auf die mit der zu bewertenden Beteiligung verbundene Halteabsicht an. Es gilt:

- Bei einer dauerhaften Halteabsicht ist der Unternehmenswert als subjektiver Unternehmenswert unter Einschluss aller Synergien zu bewerten. Hierbei sind auch erst künftig geplante Maßnahmen mit einzubeziehen.
- Bei bestehender Veräußerungsabsicht der zu bewertenden Beteiligung ist ein objektivierter Unternehmenswert zu ermitteln.

Dauerhafte Halteabsicht der Beteiligung

Besteht eine dauerhafte Beteiligungsabsicht, hat die Bewertung aus der Perspektive des bilanzierenden – die Beteiligung haltenden – Unternehmens zu erfolgen. Die Sicht des bilanzierenden Unternehmens bestimmt bei einem Erwerb der Beteiligung deren Preisobergrenze. Somit fließen implizit subjektive Aspekte in die Bewertung ein. Diese können sich im zugrunde liegenden Kapitalwertkalkül sowohl auf die finanziellen Überschüsse (Zähler) als auch auf den Zinssatz (Nenner) auswirken.

Folgende praxisrelevante Aspekte werden von IDW RS HFA 10 hervorgehoben:

- Synergieeffekte
- geplante, noch nicht eingeleitete Maßnahmen
- Ertragsteuern
- Kapitalisierungszinssatz

Synergieeffekte zeigen sich in der Veränderung der finanziellen Überschüsse, die durch den wirtschaftlichen Verbund zweier oder mehrerer Unternehmen entstehen und von der Summe der isoliert betrachteten Überschüsse abweichen. Dabei können

- unechte, ohne Konzernverbund, mit einer Vielzahl von Partnern realisierbare und
- echte, erst mit Durchführung der dem Bewertungsanlass zugrunde liegenden Maßnahme realisierbare

Synergieeffekte unterschieden werden. Nach dem Konzept des subjektiven Unternehmenswerts sind bei dessen

Ermittlung grundsätzlich alle Synergieeffekte zu berücksichtigen, die bei der erwerbenden Gesellschaft oder (allen) anderen Gesellschaften im Konzernverbund zukünftig realisiert werden können.

Geplante, noch nicht eingeleitete Maßnahmen sind ebenso wie die vorgenannten echten Synergieeffekte in die Ermittlung des beizulegenden Werts einzubeziehen. Solche Maßnahmen im operativen Bereich können beispielsweise beabsichtigte Erweiterungsinvestitionen oder Neuausrichtungen der Geschäftsfelder sein. Auch geplante Neuordnungen der Unternehmensfinanzierung oder im Management sind zu berücksichtigen.

Entsprechend der Bewertungsperspektive sind ausschließlich die **Ertragsteuern** des bilanzierenden Unternehmens und des Beteiligungsunternehmens in die Ermittlung der finanziellen Überschüsse einzubeziehen. Unberücksichtigt bleiben die Ertragsteuern der Anteilseigner des bilanzierenden Unternehmens.

Bei der Ermittlung des **Kapitalisierungszinssatzes sind** nach IDW RS HFA 10 – mit Blick auf die Willkürfreiheit im handelsrechtlichen Jahresabschluss – rein subjektiv bestimmte Renditeerwartungen der Alternativanlage unzulässig. In Anlehnung an das Konzept des objektivierten Unternehmenswerts soll der Zinssatz aus am Kapitalmarkt beobachtbaren Renditen abgeleitet werden. Das heißt, die Bestimmung des Kapitalisierungszinssatzes folgt den allgemeinen Anforderungen nach IDW S 1.

Veräußerungsabsicht der Beteiligung

Beabsichtigt das bilanzierende Unternehmen die Beteiligung zu veräußern, ist die Bewertung aus Sicht eines potenziellen Erwerbers durchzuführen. Die Anwendung des objektivierten Unternehmenswertkonzepts nach IDW S 1 (Stand-alone-Betrachtung) führt zu Modifikationen der in das Kapitalwertkalkül eingehenden Größen.

Bei Veräußerungsabsicht hat die Beteiligungsbewertung auf einen objektivierten Unternehmenswert Bezug zu nehmen; demnach dürfen **nur unechte Synergieeffekte** berücksichtigt werden. Folglich dürfen Synergien nur insoweit berücksichtigt werden, als sie auch außerhalb der Verbundbeziehungen realisierbar sind.

Maßnahmen finden ausschließlich dann Beachtung, wenn sie zum Stichtag bereits eingeleitet oder im Unternehmenskonzept dokumentiert sind.

Neben den Unternehmenssteuern ist auch eine typisierte Ertragsteuer des potenziellen Anteilseigners in das Bewertungskalkül aufzunehmen; dies ist aus Äquivalenzgründen auch bei der Bestimmung des Kapitalisierungszinssatzes zu berücksichtigen. Allerdings kann unter der Annahme einer Alternativinvestition in ein Aktienportfolio auf eine unmittelbare Berücksichtigung der persönlichen Steuern verzichtet werden.

Liegt dem bilanzierenden Unternehmen ein verbindliches Kaufpreisangebot für die Beteiligung vor, kann der beizulegende Wert unmittelbar aus dem Kaufpreis abgeleitet werden.

Anwendungsprobleme in der Praxis

Das HGB unterscheidet hinsichtlich der Bewertung von Beteiligungen nicht zwischen deren Anteilshöhen. Demnach gelten für eine Minderheitsbeteiligung dieselben Anforderungen wie für eine Mehrheitsbeteiligung.

Mit Blick auf die **Bewertung von Minderheitsbeteiligungen** stellt die Ermittlung der bewertungsrelevanten Erträge bzw. Cashflows ein Praxisproblem dar. Oftmals verfügt das die Beteiligung bilanzierende Unternehmen über keine weiter gehenden Planungsrechnungen und Szenarien hinsichtlich der weiteren Entwicklung der zu bewertenden Beteiligung. Im Einzelfall müssen dann für Zwecke der Beteiligungsbewertung plausible Annahmen hinsichtlich der künftigen Ausschüttungen getroffen werden.

Hinsichtlich der Berücksichtigung von Synergien sind diese Annahmen plausibel darzulegen und zu dokumentieren. Dies gilt auch für die – in Abhängigkeit von der Halteabsicht – zu berücksichtigenden geplanten Maßnahmen.

Am einfachsten lässt sich noch der Kapitalisierungszinssatz bestimmen. Dessen Bestimmung folgt den allgemeinen kapitalmarktgestützten Anforderungen und setzt die Bestimmung eines unternehmensspezifischen Betafaktors voraus.

Anwendungsbeispiel zu IDW RS HFA 10

Die Apfel GmbH hat im Jahr 2000 für 240.000 Euro eine 80 %-Beteiligung an der Birne GmbH erworben. In den letzten Jahren entfielen auf die Apfel GmbH hohe Beteiligungserträge, sodass die Werthaltigkeit der Beteiligung gesichert war.

Aufgrund eines Pestizidskandals bei der Birne GmbH im Jahr 2011 erfolgte für das Jahr keine Ausschüttung. Vielmehr wies die Birne GmbH einen hohen handelsrechtlichen Verlust aus. Die weitere Entwicklung der Birne GmbH ist noch unsicher, da zum 31.12.2011 nicht abgeschätzt werden kann, ob sich die Gesellschaft weiterhin profitabel am Markt behaupten kann.

Für den Fall, dass die Apfel GmbH davon ausgeht, dass die Beteiligung an der Birne GmbH dauerhaft wertgemindert ist, muss zu Zwecken der Bestimmung des Abschreibungsbetrags im handelsrechtlichen Einzelabschluss der Apfel GmbH eine Beteiligungsbewertung erfolgen.

Für die kommenden Jahre plant die Birne GmbH (stand alone) konstante Ausschüttungen i. H. v. 20.000 Euro p. a. Hiervon entfallen auf die Apfel GmbH 80,0 %, d. h. 16.000 Euro.

Der Kapitalisierungszinssatz zum 31.12.2011 beträgt unter Berücksichtigung der unternehmensspezifischen Verschuldung der Birne GmbH 9,50 %.

Die Beteiligungsbewertung erfolgt vereinfachend auf der Basis einer ewigen Rente (1/i). Hierbei ist auf die mit der Beteiligung an der Birne GmbH verfolgte Halteabsicht Bezug zu nehmen.

- Wenn sich die Apfel GmbH infolge der jüngsten negativen Entwicklung von der Beteiligung an der Birne GmbH trennen möchte, ist ein objektivierter Unternehmenswert zu ermitteln. Der Wert der Beteiligung an der Birne GmbH beträgt 16.000 Euro/9,50 % = 168.421 Euro. Entsprechend muss zum 31.12.2011 eine Abschreibung auf diesen Wert erfolgen.

- Plant die Apfel GmbH, die Beteiligung an der Birne GmbH zu behalten und die Birne GmbH in ihre Einkaufsrahmenverträge zu integrieren, wäre die Birne GmbH aufgrund verbilligter Einkaufspreise künftig in der Lage, ein Ergebnis von 30.000 Euro p. a. auszuschütten. Dieses entfiele zu 24.000 Euro auf die Apfel GmbH. Bei einem Kapitalisierungszinssatz von 9,50 % ergibt sich ein Unternehmenswert für die Birne GmbH von 252.632 Euro. Eine Abschreibung ist daher zum 31.12.2011 nicht erforderlich.

Anwendung auf den Konzernabschluss

Handelsrechtlich stellt der Geschäfts- oder Firmenwert einen zeitlich begrenzt nutzbaren Vermögensgegenstand dar, der zwingend aktiviert werden muss. Ein im handelsrechtlichen Konzernabschluss aktivierter Geschäfts- oder Firmenwert ist daher planmäßig abzuschreiben. In diesem Zusammenhang stellt sich die Frage, ob der bilanzierte Geschäfts- oder Firmenwert noch werthaltig ist. Bestehen Anzeichen auf eine Wertminderung des Geschäfts- oder Firmenwerts, ist die Ermittlung des beizulegenden Werts geboten. Insbesondere, wenn beim Geschäfts- oder Firmenwert eine Nutzungsdauer zugrunde gelegt wird, die über die gesetzliche Annahme von fünf Jahren hinaus geht, ist die Werthaltigkeit besonders sorgfältig zu prüfen. Dies erfordert eine entsprechende Bewertung der dem Geschäfts- und Firmenwert inhärenten zukünftigen Erfolgsaussichten, wodurch eine entsprechende Unternehmensbewertung unabdingbar ist. Hiervon betroffen ist auch die Werthaltigkeit des im Rahmen der Konsolidierungsbuchungen aufgedeckten Goodwills im Konzernabschluss. Da das HGB keine diesbezüglichen Regelungen enthält, bietet sich aus Praktikabilitätsgründen ein Rückgriff auf IDW RS HFA 10 an.

In den Konzernabschluss einbezogene Tochterunternehmen werden i. d. R. auf Dauer gehalten, sodass der subjektive Unternehmenswertbegriff anwendbar ist. Im Ergebnis wird der nach IDW RS HFA 10 ermittelte Ertragswert für das konsolidierte Unternehmen seinem Buchwert einschließlich des Geschäfts- oder Firmenwerts gegenübergestellt, woraus ein etwaiger Abschreibungsbedarf ermittelt werden kann. Kritisch könnte die analoge Anwendung von IDW RS HFA 10 insofern zu sehen sein, als beim subjektiven Unternehmenswert veränderliche Synergien in der Folgebewertung werterhöhend berücksichtigt werden können, das Gesetz hingegen für den Geschäfts- oder Firmenwert eine **Wertaufholungssperre** vorsieht.

> Auch die Werthaltigkeitsbeurteilung eines im HGB-Konzernabschluss aktivierten Geschäfts- oder Firmenwerts kann auf der Grundlage von IDW RS HFA 10 erfolgen.

Unternehmensbewertung nach IFRS

Anwendungsbereich

Der wesentliche Anwendungsfall für spezifische Unternehmensbewertungen nach IFRS ist die Überprüfung der Werthaltigkeit aktivierter Goodwills. Während diese Größe nach dem deutschen Handels- und Steuerrecht planmäßig abzuschreiben ist, sehen die Normen der IFRS den sog. „Impairment-only"-Ansatz vor. Demnach wird ein aktivierter Goodwill nur dann abgeschrieben, wenn der ihm zuzurechnende Zeitwert geringer ist als der aktivierte Betrag. Eine **regelmäßige Werthaltigkeitsprüfung** der aktivierten Beträge ist grundsätzlich einmal jährlich geboten.

Anhaltspunkte für eine außerordentliche Werthaltigkeitsprüfung liefern sog. „triggering events". Diese lassen sich neben Dividendenzahlungen sowohl aus externen als auch aus internen Informationsquellen ableiten.

Beispiele für **externe Informationsquellen**:

- Der Marktwert eines Vermögenswerts ist während der betrachteten Periode im Vergleich zur gewöhnlichen Nutzung deutlich stärker gesunken.
- Es sind signifikante Veränderungen im technischen, marktbezogenen, ökonomischen oder gesetzlichen Umfeld des Unternehmens eingetreten oder werden bald eintreten.
- Die der Diskontierung von Cashflows im Rahmen der der Werthaltigkeitsprüfung zugrunde zu legenden Marktzinssätze und -renditen sind angestiegen.

- Bei börsennotierten Gesellschaften unterschreitet die Marktkapitalisierung (Zahl der im Umlauf befindlichen Aktien × Kurs je Aktie) das Nettovermögen (zu Buchwerten).

Beispiele für **interne Informationsquellen**:

- Es gibt substanzielle Hinweise auf eine Überalterung oder einen physischen Schaden eines Vermögenswerts.
- Es gibt signifikante Veränderungen mit nachteiligen Folgen für das Unternehmen und den damit verbundenen Vermögenswert (Goodwill). Dazu gehören z. B. die Stilllegung des Vermögenswerts bzw. einer zahlungsmittelgenerierenden Einheit (ZGE), der der Goodwill angehört, Restrukturierungsmaßnahmen sowie Planungen für eine schneller als erwartet erfolgende Veräußerung des Vermögenswerts.
- Es gibt Hinweise aus dem internen Berichtswesen, die auf eine schlechtere wirtschaftliche Ertragskraft schließen lassen, als erwartet. Hierzu gehören u. a. höhere als ursprünglich geplante Mittelabflüsse für die Unterhaltung des Vermögenswerts bzw. niedrigere (geplante) Zuflüsse aus der Nutzung des Vermögenswerts.

> Neben einer jährlichen Werthaltigkeitsprüfung erfordern sogenannte „triggering events" eine außerplanmäßige Werthaltigkeitsprüfung. Zu diesem Zweck ist auf die Grundsätze der Unternehmensbewertung Bezug zu nehmen.

Durchführung der Werthaltigkeitsprüfung

Erzielbarer Betrag

Im Rahmen der Werthaltigkeitsprüfung ist der aktuelle Buchwert („carrying amount") eines immateriellen Vermögenswerts dessen erzielbarem Betrag („recoverable amount") gegenüberzustellen. Letzterer ist definiert als der höhere Betrag aus dem beizulegenden Zeitwert abzüglich Veräußerungskosten („fair value less costs to sell") und dem Barwert der zurechenbaren künftigen Cashflows durch die fortgeführte Nutzung des Vermögenswerts, dem Nutzungswert („value in use").

Regelmäßig liegt in der Praxis der „value in use" (d. h. der Unternehmenswert bei Fortführung der den Goodwill bestimmenden Geschäftseinheit) über dem „fair value less cost to sell". Der Nutzungswert („value in use") bestimmt sich hierbei als Barwertkalkül der künftigen Cashflows unter Berücksichtigung einer angemessenen Abzinsung.

! In der Praxis erfolgt die Ermittlung des Nutzungswerts regelmäßig mittels einer „kleinen" Unternehmensbewertung. Liegt der Nutzungswert hierauf basierend bereits (deutlich) über dem Buchwert, sind Überlegungen zum beizulegenden Zeitwert entbehrlich bzw. obsolet. Unabhängig hiervon ist in der Praxis bei Gültigkeit der Fortführungsprämisse bzw. bei fehlenden Verkaufsabsichten der beizulegende Zeitwert oftmals nur sehr schwer ermittelbar, sodass insofern u. U. allein auf den Nutzungswert abzustellen ist.

Zahlungsmittelgenerierende Einheiten

Es gilt das Prinzip, dass der erzielbare Betrag für den einzelnen immateriellen Vermögenswert, also auch für den Geschäfts- oder Firmenwert, zu ermitteln ist. Da dem Goodwill jedoch keine Cashflows direkt zugeordnet werden, die weitestgehend unabhängig von denen anderer Vermögenswerte sind, ist er auf sog. zahlungsmittelgenerierende Einheiten (ZGE; „cash generating units") aufzuteilen. Eine ZGE stellt die kleinste Gruppe von Vermögenswerten dar, die den der Werthaltigkeitsprüfung zugrunde zu legenden Vermögenswert enthält und Mittelzuflüsse erzeugt, die nahezu unabhängig von den Mittelzuflüssen anderer Vermögenswerte sind. Der Werthaltigkeitstest ist in der Folge für jede ZGE einzeln separat durchzuführen. Damit stellen die einzelnen ZGE das Bewertungsobjekt dar.

Oftmals fehlt es – gerade im **Mittelstand** – an den entsprechenden detaillierten Daten (Planungsrechnungen etc.), da diese allenfalls auf Ebene einer rechtlichen Einheit erstellt werden. In diesen Fällen ist zu prüfen, inwieweit die rechtliche Einheit (der dann regelmäßig auch der Goodwill ursprünglich zuzurechnen ist) als ZGE angesehen werden kann.

> Im Mittelstand ist es oftmals vertretbar, das Unternehmen als rechtliche Einheit einer einzigen ZGE zuzuordnen. **!**

Werthaltigkeitstest

Liegt der Buchwert der ZGE über deren erzielbarem Betrag, so entsteht ein Wertberichtigungsbedarf in Höhe der Differenz, die aufwandswirksam erfasst werden muss. Dabei ist zunächst der Goodwill im Wert zu berichtigen, bevor ein darüber hinausgehender Wertberichtigungsbedarf anteilig, d. h. im Verhältnis der Buchwerte auf die einzelnen Vermögenswerte der ZGE aufgeteilt wird.

Beispiel zum Werthaltigkeitstest

Der von einem Unternehmen zum 31.12.t0 aktivierte Goodwill ist zum 31.12.t1 mit einem Wert von 100.000 Euro angesetzt, die Buchwerte der ZGE, der auch der Goodwill zugeordnet wurde, betragen 300.000 Euro (Gesamtbuchwert der ZGE: 400.000 Euro). Der Werthaltigkeitstest zum Bilanzstichtag ergibt einen beizulegenden Zeitwert der ZGE i. H. v. 200.000 Euro und einen Nutzungswert i. H. v. 250.000 Euro.

Da der Nutzungswert der ZGE deren beizulegenden Zeitwert übersteigt, ist der Nutzungswert als erzielbarer Betrag dem Buchwert der ZGE gegenüberzustellen. Damit ergibt sich ein Wertberichtigungsbedarf in Höhe von 150.000 Euro (= 400.000 Euro – 250.000 Euro), sodass zunächst der Goodwill zum 31.12.t1 vollständig um 100.000 Euro abzuschreiben ist. Der verbleibende Betrag i. H. v. 50.000 Euro ist im Verhältnis der einzelnen Buchwerte der die ZGE umfassenden Vermögenswerte auf diese Gewinn mindernd aufzuteilen.

Falls der erzielbare Betrag höher ist als der Buchwert der ZGE, bleibt es beim Ansatz des Goodwills zum Buchwert. **Wertzuschreibungen** des Goodwills infolge früherer Wertberichtigungen sind **unzulässig**. Sofern in der Vergangenheit aufgrund eines Impairment Tests eine Abschreibung einzelner Vermögenswerte der ZGE erfolgte, sind diese allerdings auf ihre fortgeführten Anschaffungs- oder Herstellungskosten zuzuschreiben.

Bestimmung der Cashflows

Für die Ermittlung des Nutzungswerts sind die dem Goodwill bzw. der ZGE zurechenbaren künftigen Cashflows auf der Grundlage eines bestehenden Unternehmenskonzepts zu bestimmen. Dies bedeutet, dass Cashflowprognosen auf vernünftigen und vertretbaren Annahmen aufbauen sowie auf den aktuellsten vom Management genehmigten Budgetplänen basieren müssen, wobei erwartete Cashflows aus künftigen Restrukturierungen auszuschließen sind. Zudem legt der Standard fest, dass die Cashflows keine Mittelzu- oder -abflüsse aus Finanzierungstätigkeit sowie keine Ertragsteuerein- und -auszahlungen enthalten dürfen. Der Standard stellt damit auf eine entsprechende Vor-Steuer-Betrachtung unter Missachtung der jeweiligen Finanzierungsstruktur ab.

Indem die Cashflows ohne Einflüsse der Finanzierungsstruktur abzuleiten sind, geht IAS 36 implizit von der Anwendung der WACC-Methode mit dem Free Cashflow als Überschussgröße aus.

Anzuwendender Zinssatz

Da die Cashflows keine Cashflows aus Finanzierungstätigkeit (Fremdkapitalauf- bzw. -abnahme, Zinsen) und Steuerzahlungen enthalten, ist beim Zinssatz konzeptionell auf die durchschnittlichen, d. h. um Eigenkapital und Fremdkapital **gewichteten Kapitalkosten (WACC)** abzustellen. Hierbei erfolgt die Ermittlung des Zinssatzes auf der Grundlage der allgemeingültigen Vorgehensweise und unter Berücksichtigung des für die jeweilige ZGE individuellen Risikos (ausgedrückt durch den Betafaktor).

Beispiel zur Zinssatzermittlung

Der risikolose Zinssatz beträgt zum Bilanzstichtag 3,5 % nach Unternehmenssteuern (aber vor persönlichen Steuern), die Marktrisikoprämie 5,0 %. Da das Unternehmen/ die ZGE einem leicht höheren Risiko als der Gesamtmarkt unterliegt, wird ein (verschuldeter) Betafaktor i. H. v. 1,2 angenommen.

Die Eigenkapitalkosten werden wie folgt ermittelt:

3,5 % + (5,0 % × 1,2) = 9,5 %.

Die Fremdkapitalkosten belaufen sich auf durchschnittlich 6,5 % (nach Unternehmenssteuern). Die Kapitalstruktur des Unternehmens setzt sich konstant aus 1/3 Eigenkapital und 2/3 Fremdkapital zusammen. Somit beträgt der dem Werthaltigkeitstest zugrunde zu legende Kapitalisierungszins:

9,5 % × 1/3 + 6,5 % × 2/3 = 7,5 %.

Auf der Basis der vorstehenden Zusammenhänge ist zu jedem Bewertungsstichtag eine separate Ermittlung des für Zwecke der Werthaltigkeitsprüfung heranzuziehenden Kapitalisierungszinssatzes vorzunehmen. Dabei bereitet in der Praxis die – für Zwecke der IFRS-Anhangangabe – geforderte Vor-Steuer-Betrachtung (d. h. vor Unternehmenssteuern) Probleme. Denn die Herleitung des Zinssatzes nach dem CAPM geht insofern von einer **Nach-Steuer-Betrachtung** aus, als bei der Berechnung der Marktrisikoprämie und des risikolosen Basiszinses sowie – bei der anschließenden Ermittlung des WACC – der Fremdkapitalkosten Nettogrößen bezogen auf die Unternehmenssteuern einfließen. Somit bezieht sich der auf diese Weise hergeleitete Zinssatz auf die Cashflows nach Unternehmenssteuern.

Erfolgt die Ermittlung des Zinssatzes auf der Basis einer Nach-Steuer-Betrachtung (d. h. **nach Unternehmenssteuern, gleichwohl aber vor den persönlichen Steuern der Anteilseigner**), so ist diese entsprechend anzupassen, um einen Zinssatz vor Steuern ableiten zu können, der dann im Anhang auszuweisen ist.

In der Praxis wird die Anpassung des Zinssatzes zumeist im Wege eines einfachen „grossing up" vollzogen, also durch ein Hochschleusen des Nettodiskontierungszinssatzes um eine pauschalierte Unternehmenssteuer in eine entsprechende Vor-Steuer-Größe. Dies geschieht, indem der zunächst ermittelte Zinssatz durch (1– s) dividiert wird.

Beispiel zum Hochschleusen des Zinssatzes

Das Unternehmen legt für Zwecke seiner Goodwill-Werthaltigkeitsprüfung – bei einem effektiven Konzern-/Unternehmenssteuersatz von 25,0 % – einen Nach-Steuer-Zinssatz i. H. v. 7,5 % zugrunde.

Durch Hochschleusen ergibt sich ein im Anhang auszuweisender Bruttozins i. H. v.

7,5 % : (100,0 % – 25,0 %) = 10,0 %.

Das Hochschleusen um die nominale Unternehmenssteuerbelastung ist jedoch immer dann nicht sachgerecht, wenn kein linearer Besteuerungszusammenhang anzunehmen ist. Dies ist im Besonderen dann der Fall, wenn die effektive Steuerlast – beispielsweise durch Nutzung steuerlicher Verlustvorträge, Hinzurechnungen/Kürzungen bei der gewerbesteuerlichen Bemessungsgrundlage oder aber durch steuerlich nicht abziehbare Betriebsausgaben – signifikant vom nominellen Steuersatz abweicht.

In diesen Fällen ist daher auf die Anwendung eines iterativen Verfahrens abzustellen, durch das der Vor-Steuer-Zinssatz ermittelt wird, der als Grundlage der Abzinsung der Bruttocashflows (d. h. Cashflows vor Steuern) zu demselben Bewertungsergebnis führt wie die Nach-Steuer-Betrachtung.

Ein pauschales Hochschleusen eines ermittelten Nach-Steuer-Zinssatzes auf eine Vor-Steuer-Größe durch Korrektur um eine pauschalierte Steuerbelastung kann mit zunehmender steuerlicher Komplexität des Bewertungsobjekts nicht mehr gelingen. Die Ermittlung eines zutreffenden Vor-Steuer-Zinssatzes setzt dann – trotz konzeptioneller Mängel – (zumindest) eine iterative Vorgehensweise voraus.

Praxisempfehlung

Insbesondere die jährlich notwendigen Werthaltigkeitstests im **IFRS-Konzernabschluss** stellen in der Praxis hohe Anforderungen an die Bewertung. Nach IAS 36 sind Wertminderungen im Rahmen einer mindestens jährlich durchzuführenden Werthaltigkeitsprüfung vorzunehmen. Voraussetzung dafür ist, dass der erzielbare Betrag der ZGE, der ein Geschäfts- oder Firmenwert zugeordnet ist, den entsprechenden Buchwert der ZGE unterschreitet. Dabei ist der erzielbare Betrag als höherer der beiden Beträge aus beizulegendem Zeitwert und Nutzungswert definiert. Der Nutzungswert entspricht dabei der Summe der diskontierten, der ZGE zurechenbaren künftigen Brutto-Cashflows.

In diesem Zusammenhang müssen jedes Jahr die bewertungsrelevanten Kapitalkosten (WACC) periodenspezifisch ermittelt werden. Darüber hinaus sind die Cashflows für die zu bewertenden ZGE abzuleiten. Hierbei sind an die Planungsrechnungen dieselben Anforderungen zu stellen wie im Rahmen einer Unternehmensbewertung nach IDW S 1.

Mehr als nach HGB sind auf der Grundlage der IFRS regelmäßig Unternehmensbewertungen notwendig, die eine sachgerechte Bestimmung eines auf Basis des CAPM abzuleitenden Kapitalisierungszinssatzes (vor Unternehmensteuern) erforderlich machen. Da in der Praxis zu Recht eine Nach-Steuer-Betrachtung erfolgt, ist der so ermittelte Zinssatz durch Hochschleusen um eine pauschalierte Unternehmensteuer in eine Vor-Steuer-Größe überzuleiten und im Anhang auszuweisen. Gerade im Mittelstand empfiehlt es sich, die erforderliche Unternehmensbewertung unter Einbindung sachverständiger Berater vorzunehmen.

Steuerliches Ertragswertverfahren

Anwendungsbereich

Mit der zum 1.1.2009 in Kraft getretenen Erbschaftsteuerreform wurde die Bewertung von Beteiligungen für (erbschaft)steuerliche Zwecke neu geregelt. Auch für solche Zwecke ist damit im Einzelfall eine Unternehmensbewertung durchzuführen.

Generell ist als Bewertungsgrundlage im **Bewertungsgesetz** (BewG) der gemeine Wert vorgesehen, der – sollten ein Börsenkurs bzw. Anteilsverkäufe unter fremden Dritten, die weniger als ein Jahr zurückliegen, nicht vorhanden sein – unter Berücksichtigung der Ertragsaussichten oder einer anderen anerkannten, auch im Geschäftsverkehr für nicht steuerliche Zwecke üblichen Methode zu ermitteln ist.

Dabei ist die Methode anzuwenden, die ein Erwerber der Bemessung des Kaufpreises zugrunde legen würde. Ist demnach eine Bewertung unter Berücksichtigung der Ertragsaussichten als üblich gegeben, so kann sowohl für die Anteile an Kapitalgesellschaften als auch für die Bewertung von Personengesellschaften anstelle der üblichen Ertragswertmethode gem. IDW S 1 ein sog. **vereinfachtes Ertragswertverfahren** angewendet werden (§ 199 BewG), wenn dies nicht zu offensichtlich unzutreffenden Ergebnissen führt.

Diese Kannvorschrift eröffnet dem Steuerpflichtigen ein bedeutendes Wahlrecht. In Abhängigkeit von verschiedenen Konstellationen kann der Steuerpflichtige – in den

Grenzen der Willkürfreiheit und unter Annahme eines nicht offensichtlich unzutreffenden Werts – die Bewertung der Beteiligung entweder nach dem Ertragswertverfahren nach IDW S 1 oder nach dem vereinfachten Verfahren der §§ 199 ff. BewG vornehmen.

Vereinfachtes Ertragswertverfahren

Die Anwendung des vereinfachten Ertragswertverfahrens ist in den §§ 199 ff. BewG geregelt.

Für die Berechnung des Ertragswerts ist der zukünftig nachhaltig realisierbare Jahresertrag mit einem Kapitalisierungsfaktor zu multiplizieren. Dabei bildet der in der Vergangenheit tatsächlich erzielte Durchschnittsertrag die Bewertungsgrundlage für die Ermittlung des nachhaltigen Jahresertrags.

Der nachhaltige Jahresertrag wird aus den gleichermaßen gewichteten Betriebsergebnissen der drei vor dem Bewertungsstichtag abgelaufenen Wirtschaftsjahre abgeleitet. Zu betonen ist, dass beim Betriebsergebnis vom Steuerbilanzgewinn auszugehen ist, der in der Folge um bestimmte Positionen adjustiert wird, um so den nachhaltigen, von aperiodischen Geschäftsvorfällen bereinigten Jahresertrag zu erhalten.

Zu den erforderlichen Korrekturen gehören beispielsweise:

- Hinzurechnung von Sonderabschreibungen
- Absetzungen auf den Geschäfts- oder Firmenwert
- Kürzungen um einmalige Veräußerungsgewinne

Bei **Personengesellschaften** muss zudem ein angemessener Unternehmerlohn berücksichtigt werden, um die angestrebte Rechtsformneutralität der Bewertungsmethode sicherzustellen. Darüber hinaus ist dem Betriebsergebnis der (gebuchte) Ertragsteueraufwand wieder hinzuzurechnen, weil sowohl für Kapital- als auch für Personengesellschaften ein pauschalierter Steuersatz i. H. v. 30,0 % angesetzt wird. Anschließend ist der so ermittelte Jahresertrag mit einem Kapitalisierungsfaktor zu multiplizieren, der sich aus dem Kehrwert der Summe eines vom BMF jeweils jährlich per 1.1. veröffentlichten Basiszinssatzes und eines standardisierten (Markt-) Risikozuschlags von 4,5 % – womit implizit ein Betafaktor von 1,0 unterstellt wird – zusammensetzt.

Stichtag	Basiszinssatz § 203 BewG
1.1.2009	3,61 %
1.1.2010	3,98 %
1.1.2011	3,43 %
1.1.2012	2,44 %

Basiszinssatz nach BewG im Zeitablauf

Auf der Grundlage des für 2012 geltenden Basiszinssatzes nach BewG ergibt sich ein Kapitalisierungszinssatz von 6,94 % bzw. ein Kapitalisierungsfaktor von 14,41.

Das nachhaltige Ergebnis im Sinne des BewG ist mit diesem Faktor zu multiplizieren.

Beispiel zur erbschaftsteuerlichen Bewertung

Auf der Grundlage der steuerlichen Jahresabschlüsse der Jahre 2009 bis 2011 für die Sunny GmbH, dessen Alleingesellschafter Simon Sun ist, hat der Steuerberater Tommy Tax einen nachhaltigen Jahresertrag i. H. v. 113.000 Euro ermittelt. Für Zwecke der Schenkung des Unternehmens von Simon Sun an seinen Sohn Sven Sun im Jahr 2012 wird der Wert für die Sunny GmbH mit 1.628.330 Euro bemessen.

Der Ertragswert nach BewG ermittelt sich aus Multiplikation des nachhaltigen Jahresergebnisses mit dem Kapitalisierungsfaktor.

Dem Ertragswert sind die nicht betriebsnotwendigen Wirtschaftsgüter, d. h. die Wirtschaftsgüter, die aus dem zu bewertenden Unternehmen ohne Beeinträchtigung der eigentlichen Unternehmenstätigkeit herausgelöst werden können, mit deren gemeinem Wert hinzuzurechnen.

Ebenfalls gesondert ist der gemeine Wert der betriebsnotwendigen Beteiligungen an anderen Gesellschaften zu berücksichtigen, zu deren Bewertung wiederum das vereinfachte Ertragswertverfahren herangezogen werden kann.

Schließlich werden alle innerhalb von zwei Jahren vor dem Bewertungsstichtag eingelegten betriebsnotwendigen Wirtschaftsgüter (sog. **„junge Wirtschaftsgüter"**) separat mit ihrem gemeinen Wert erfasst, weil nach Meinung des Gesetzgebers deren positive Wertbeiträge infolge der kurzen Betriebszugehörigkeit noch nicht vollständig in den Betriebsergebnissen enthalten sind.

Die Summe aus den vier genannten Bestandteilen bildet den Wert nach dem vereinfachten Ertragswertverfahren, wobei der Substanzwert die Bewertungsuntergrenze darstellt.

Beispielsachverhalt

Ausgangsdaten

Für die zum 1.1.2012 zu bewertende Fantasia GmbH liegen die folgenden Jahresabschlussdaten vor:

[in TEUR]	2009	2010	2011
Umsatzerlöse	10.900	10.990	11.000
Bestandsveränderung	–79	7	–23
Sonstige betriebliche Erträge	170	54	44
Materialaufwand	6.908	7.105	7.025
Personalaufwand	2.261	2.251	2.130
Abschreibungen – planmäßig – außerplanmäßig	 540 68	 612 0	 617 49
Sonstige betriebliche Aufwendungen	31	20	31
Zinsen und ähnliche Erträge (Bankguthaben)	110	120	122
Zinsen und ähnliche Aufwendungen	551	459	450
Ergebnis der gewöhnlichen Geschäftstätigkeit	742	724	841

[in TEUR]	2009	2010	2011
Außerordentliches Ergebnis	–500	512	0
Steuern vom Einkommen bzw. Ertrag	72	371	252
Sonstige Steuern (Grundsteuer)	1	1	1
Jahresüberschuss	169	864	588

Jahresabschlussdaten der Fantasia GmbH

Das Unternehmen besitzt unbebaute Grundstücke, die als betriebsnotwendige Lagerstätte einzustufen sind. Lediglich liquide Mittel i. H. v. 500.000 Euro gelten als nicht betriebsnotwendig.

Beteiligungen der Fantasia GmbH an anderen Unternehmen sowie junge Wirtschaftsgüter liegen nicht vor.

Steuerlich wird ein kombinierter Unternehmenssteuersatz i. H. v. 30,0 % unterstellt, was einem Gewerbesteuer-Hebesatz von 405 % entspricht. Zugleich wird vereinfachend von Hinzurechnungen und Kürzungen bei der gewerbesteuerlichen Bemessungsgrundlage abgesehen.

Es wird angenommen, dass der Substanzwert unter den entsprechenden Ertragswerten liegt – sowohl nach §§ 199 ff. BewG als auch nach IDW S 1.

Wert nach vereinfachtem Ertragswertverfahren

Ausgehend vom Jahresüberschuss, dem der gebuchte Ertragsteueraufwand hinzuzurechnen ist, werden die vergangenen drei Geschäftsjahre um aperiodische Ergebnisbestandteile wie die außerplanmäßigen Abschreibungen und das außerordentliche Ergebnis sowie um Zinsen aus dem nicht betriebsnotwendigen Bankguthaben bereinigt. Hinzu kommt die Kürzung um den pauschalierten Ertragsteueraufwand, sodass sich folgende angepasste GuV ergibt:

[in TEUR]	2009	2010	2011
Jahresüberschuss	169	864	588
Steuern vom Einkommen bzw. Ertrag	72	371	252
Bereinigung	458	–632	–73
Bereinigtes Betriebsergebnis	699	603	767
Pauschalsteuer (30,0 %)	210	181	230
Betriebsergebnis	489	422	537

Angepasste GuV der Fantasia GmbH

Aus den Betriebsergebnissen ist der zu kapitalisierende Jahresertrag (durchschnittlicher Wert über die drei vergangenen Jahre 482.670 Euro) zu berechnen. Mit einem Basiszins von 2,44 % für 2012 und einem Risikozuschlag von 4,5 % betragen der Kapitalisierungsfaktor 14,41 und der Ertragswert des betriebsnotwendigen Vermögens zum Bewertungsstichtag 6.955.000 Euro.

Da die liquiden Mittel (500.000 Euro) als nicht betriebsnotwendiges Vermögen erfasst werden, sind diese gesondert hinzuzurechnen, sodass sich der gemeine Wert der Fantasia GmbH zum 1.1.2012 auf 7.455.000 Euro beläuft.

Wert nach IDW S 1

Beim Ertragswertverfahren nach IDW S 1 sind die künftig erwarteten Erträge gem. der Planungsrechnung heranzuziehen, wobei für die ab 2015 einsetzende ewige Rente ein Wachstum i. H. v. 1,0 % unterstellt wird.

Die erwarteten Ergebnisse vor Steuern sind anschließend um die zu leistenden **Unternehmenssteuern** (Gewerbe- und Körperschaftsteuer inkl. Solidaritätszuschlag) zu kürzen, die der Belastung im vereinfachten Ertragswertverfahren entsprechen. Allerdings sind hiermit die persönlichen Steuern – Abgeltungsteuer inkl. Solidaritätszuschlag – noch nicht abgegolten, sodass diese zusätzlich ins Bewertungskalkül integriert werden müssen, da der Wert aus Sicht des Anteilseigners zu bestimmen ist.

Bei einer fingierten Ausschüttungsquote i. H. v. 50,0 % ist dabei zwischen der regulären Besteuerung der Ausschüttungen i. H. v. 26,375 % sowie der Besteuerung der thesaurierungsbedingten Wertzuwächse zu differenzieren. Denn für Letztere wird eine mittel- bis langfristige Haltedauer unterstellt, sodass in der Praxis der hälftige Abgeltungsteuersatz inkl. Solidaritätszuschlag i. H. v. 13,19 % herangezogen wird.

Die periodischen Nettowertbeiträge aus Ausschüttung und Thesaurierung sind dann mit dem Kapitalisierungsfaktor zu multiplizieren. Als Basiszinssatz gem. IDW S 1 ist der gerundete Zinssatz für den 1.1.2012 i. H. v. 2,75 % heranzuziehen, während die Risikoprämie mit 4,5 % (nach persönlichen Steuern) gegenüber dem vereinfachten Ertragswertverfahren unverändert bleiben soll. Da die Bewertung für **erbschaftsteuerliche Zwecke** auf die Verhältnisse beim Anteilseigner abstellt (unmittelbare Typisierung), ist der Basiszinssatz um die Steuerbelastung (26,375 %) zu kürzen. Es ergibt sich demnach ein Kapitalisierungszinssatz nach Steuern von 2,02 % + 4,50 % = 6,52 % für die Detailplanungsphase bzw. 5,52 % für die ewige Rente.

[in TEUR]	2012	2013	2014	2015 ff.
Ergebnis vor Ertragsteuern	690	707	725	732
Unternehmenssteuer (30 %)	207	212	218	220
Ergebnis nach Steuern	483	495	508	512
Ausschüttung (50,0 %)	242	248	254	256
Thesaurierung (50,0 %)	242	248	254	256
Abgeltungsteuer	96	98	100	101
Netto-Wertbeitrag	387	397	407	411
Basiszins	2,75 %			
Basiszins nach Steuern	2,02 %			
Risikoprämie nach Steuern	4,50 %			
Kapitalisierungszinssatz	6,52 %	6,52 %	6,52 %	5,52 %

Kapitalisierungsfaktor	0,9388	0,8813	0,8274	14,9888
Barwert	363	350	337	6160
Ertragswert per 1.1.	7.210			

Ermittlung des Ertragswerts der Fantasia GmbH

Zum Ertragswert i. H. v. 7.210.000 Euro ist der Wert des nicht betriebsnotwendigen Vermögens i. H. v. 500.000 Euro zu addieren. Der Unternehmenswert beträgt zum 1.1.2012 damit 7.710.000 Euro.

Vergleich der Bewertungsergebnisse

Im vorliegenden Beispiel führt die Bewertung auf der Basis des vereinfachten Ertragswertverfahrens zu einem deutlich niedrigeren Wert von 7.455.000 Euro gegenüber dem auf der Basis des Ertragswertverfahrens nach IDW S 1 ermittelten Wert von 7.710.000 Euro. Sofern die Zielsetzung die Ermittlung eines möglichst geringen Werts ist, sollte sich der Steuerpflichtige auf die Bewertung nach §§ 199 ff. BewG stützen.

Methodenvergleich und Vorteilhaftigkeit

Der Steuerpflichtige hat grundsätzlich ein **Wahlrecht**, den steuerlich relevanten Unternehmenswert mittels des Ertragswerts nach IDW S 1 zu ermitteln oder auf der Grundlage der Vorgaben zum vereinfachten Ertragswertverfahren nach BewG. Die Vorteilhaftigkeit des Verfahrens hängt von den individuellen Verhältnissen ab und nimmt insbesondere Bezug auf

- künftige Ertragserwartungen,
- Risikoeinschätzungen hinsichtlich des Zinssatzes,
- die effektive Steuerbelastung,
- das Vorliegen nicht betriebsnotwendigen Vermögens und
- das Vorliegen von jungen Wirtschaftsgütern.

Auf der Basis der vorstehenden Parameter lassen sich – bei ansonsten gleichen Ausgangsdaten – folgende Faustregeln hinsichtlich der Vorteilhaftigkeit eines Verfahrens gegenüber dem anderen definieren:

Parameter	Szenario	Verfahren, das ceteris paribus zum niedrigeren Unternehmenswert führt
Ertragserwartungen	In der Zukunft sinkende Ertragserwartungen (die im Zweifelsfall unter den Erträgen der Vergangenheit liegen)	IDW S 1
	In der Zukunft steigende Ertragserwartungen (die im Zweifelsfall über den Erträgen der Vergangenheit liegen)	§ 199 ff. BewG

Parameter	Szenario	Verfahren, das ceteris paribus zum niedrigeren Unternehmenswert führt
Risikoeinschätzung bzw. Kapitalisierungszinssatz nach IDW S 1	Höheres Risiko bzw. zulässige/vertretbare Anwendung eines Kapitalisierungszinssatzes, der über dem relevanten standardisierten Wert nach § 203 BewG liegt	IDW S 1
	Geringeres Risiko bzw. notwendige Anwendung eines Kapitalisierungszinssatzes, der unter dem relevanten standardisierten Wert nach § 203 BewG liegt	§ 199 ff. BewG
Steuerliche Situation	Unternehmensbesteuerung mit einer tatsächlichen Steuerbelastung > 30,0 %	IDW S 1
	Unternehmensbesteuerung mit einer tatsächlichen Steuerbelastung < 30,0 %	§ 199 ff. BewG

Parameter	Szenario	Verfahren, das ceteris paribus zum niedrigeren Unternehmenswert führt
Vorliegen von nicht betriebsnotwendigem Vermögen		IDW S 1
Vorliegen von jungen Wirtschaftsgütern		IDW S 1

Vorteilhaftigkeitsvergleich IDW S 1 versus §§ 199 ff. BewG

Die vorstehende Tabelle verdeutlicht, dass die Vorteilhaftigkeit für ein Verfahren stets von den zugrunde liegenden Ausgangsdaten respektive Parametern abhängt. Eine Festlegung auf die Anwendung des (leicht handhabbaren) vereinfachten Ertragswertverfahrens sollte unterbleiben. Denn damit riskiert man, dass im Zweifel Werte bzw. Bemessungsgrundlagen zuungunsten des Steuerpflichtigen ermittelt werden.

Mit Blick auf die Verschonungsregelung nach § 13a Abs. 8 ErbStG kann im Einzelfall auch der Ausweis eines möglichst hohen Unternehmenswerts für erbschaftsteuerliche Zwecke sinnvoll sein, da die Regelung eine Quote von schädlichem Verwaltungsvermögen ab 10,0 % nennt. Mit anderen Worten: Beträgt das schädliche Verwaltungsvermögen weniger als 10,0 % des Gesamtunternehmenswerts, kann eine steuerfreie Übertragung unter Berücksichtigung der ansonsten einzuhaltenden Haltefristen etc. erreicht werden.

Um die 10 %-Schwelle zu bestehen, muss der Steuerpflichtige für das begünstigte Vermögen einen entsprechend hohen Wert ausweisen. Daher kann die Wahl eines nach IDW S 1 höheren Ertragswerts als Bewertungsmethode für das begünstigte Vermögen durchaus sinnvoll sein.

Praxisempfehlung

Grundsätzlich hat sich die erbschaftsteuerliche Bewertung gem. § 12 Abs. 1 ErbStG nach den Regelungen des Bewertungsgesetzes (BewG) zu richten, das – soweit nichts anderes vorgeschrieben ist – den gemeinen Wert als Bemessungsgrundlage vorschreibt (§ 9 BewG). Dieser wird durch den Preis bestimmt, der „im gewöhnlichen Geschäftsverkehr nach der Beschaffenheit des Wirtschaftsgutes bei einer Veräußerung zu erzielen wäre" (§ 9 Abs. 2 S. 1 BewG). Während der gemeine Wert von Bargeld und Spareinlagen/Bankguthaben sowie i.d.R. auch von Forderungen und Verbindlichkeiten mit dem entsprechenden Nominalwert korrespondiert (§ 12 BewG), ist für die Bewertung der Anteile an Kapitalgesellschaften und des Betriebsvermögens (von Personengesellschaften) i.d.R. eine (Unternehmens-) Bewertung erforderlich.

Von seiner Konzeption her stellt das vereinfachte Ertragswertverfahren ein stark typisierendes steuerliches Massenverfahren dar, das ohne größere Planungen und Gutachten, d. h. relativ zeitnah, kostengünstig und mitunter ohne spezifisches Bewertungs-Know-how, umgesetzt werden kann. Da es infolge der Typisierungen einen relativ starren Wert ermittelt, der weder branchen- noch unternehmensindividuell angepasst werden kann, bietet es dem Steuerpflichtigen allerdings kaum Möglichkeiten, den Unternehmenswert in seinem Interesse gezielt zu beeinflussen bzw. zu ermitteln.

Hingegen kann der Unternehmenswert mit einem auf Prognosen gestützten Verfahren, wie es das Ertragswertverfahren gem. IDW S 1 darstellt, innerhalb bestimmter vorgegebener Grenzen durchaus „gesteuert" werden, was aber für den Steuerpflichtigen und dessen Berater einer sehr komplexen, planerisch aufwendigen Aufgabe gleichkommt. Der Bewertungskompetenz des Beraters kommt damit eine besonders hohe Bedeutung zu.

Dies zeigt, dass die Unternehmensbewertung und die Frage nach den Konsequenzen unterschiedlicher Bewertungsmethoden zukünftig weiter an Bedeutung gewinnen wird. Eine Pauschalaussage, welchem Verfahren der Vorzug zu geben ist, muss unterbleiben. Denn hierzu sind die zentralen wertbeeinflussenden Parameter zu identifizieren und zu analysieren. Hierauf basierend sollte der Steuerpflichtige die Wahl des Verfahrens so treffen, dass eine von ihm angepeilte **Unternehmenswertspanne** möglichst zielgenau erreicht wird. Dabei kann eine bloße Orientierung an einem möglichst niedrigen Wert mit Blick auf die erbschaftsteuerlichen Verschonungsregelungen zu kurz greifen, was eine zusätzliche planerische Komponente hervorruft. Der Steuerpflichtige ist daher gut beraten, von einer unüberlegten, allein kostengetriebenen Bezugnahme auf das vereinfachte Ertragswertverfahren zugunsten einer genauen Abwägung der fall-, anlass- und branchenspezifischen Gegebenheiten abzusehen.

Zudem darf nicht übersehen werden, dass die Entscheidung über die Anwendung eines der beiden hier dargestellten Verfahren nur dann getroffen werden kann, wenn die Bewertungsergebnisse für jedes Verfahren im Vorfeld zumindest überschlägig ermittelt worden sind. Spätestens bei wesentlichen Bewertungsfragen führt in der Praxis kein Weg mehr an einer – zumindest grob strukturierten – Unternehmensbewertung nach IDW S 1 vorbei.

Die vom Gesetzgeber angedachte Vereinfachungslösung der §§ 199 ff. BewG läuft damit faktisch ins Leere. Denn der Steuerpflichtige respektive sein Berater werden stets einen IDW S 1-Wert ermitteln müssen, entweder um diesen – da vorteilhaft gegenüber dem Wert nach §§ 199 BewG – als Bemessungsgrundlage zu „verwenden" oder um sich zumindest abzusichern, dass der nach §§ 199 ff. BewG ermittelte Wert nicht zu offensichtlich unzutreffenden Ergebnissen führt.

Faktisch erfordert die Bewertung zu (erbschaft) steuerlichen Zwecken die Wertfindung sowohl auf der Basis des vereinfachten Ertragswertverfahrens als auch zusätzlich auf der Grundlage einer Unternehmensbewertung nach IDW S 1.

Angemessenheitsbeurteilungen

Funktion von IDW S 8

Das Institut der Wirtschaftsprüfer hat am 17.1.2011 den IDW-Standard „Grundsätze für die Erstellung von Fairness Opinions" (IDW S 8) verabschiedet. IDW S 8 enthält standardisierte Grundsätze, auf deren Basis unabhängige Wirtschaftsprüfer die **finanzielle Angemessenheit von Transaktionspreisen** im Rahmen von unternehmerischen Initiativen beurteilen. Neben der Dokumentation von Entscheidungsgrundlagen dient eine Fairness Opinion der haftungsrechtlichen Absicherung von Vorstand und Aufsichtsrat.

Fairness Opinions geben eine fachliche Stellungnahme zum Ergebnis eines Entscheidungsprozesses ab, insbesondere zur finanziellen Angemessenheit eines Transaktionspreises im Rahmen einer unternehmerischen Initiative. Damit einher gehen i. d. R. zeitliche Restriktionen sowie ein eingeschränkter Informationszugang.

Zu **unternehmerischen Initiativen** zählen beispielsweise:

- Kauf und Verkauf von Unternehmen, Unternehmensanteilen oder wesentlichen Vermögenswerten
- öffentliche Erwerbs- und Übernahmeangebote i. S. d. WpÜG
- bedeutende Investitionsentscheidungen
- Finanzierungsentscheidungen
- gerichtliche Auseinandersetzungen

- Nachverhandlungen und Kaufpreisanpassungen
- Transaktionen zwischen nahestehenden Personen
- Restrukturierungsmaßnahmen

Fairness Opinions stellen keine Unternehmensbewertung im herkömmlichen Sinne dar, insbesondere treffen sie keine Aussagen darüber, ob ein vorteilhafterer Transaktionspreis mit anderen Parteien erzielbar wäre. Sie können somit eine reguläre Unternehmensbewertung i. S. v. IDW S 1 nicht ersetzen. **Sinn und Zweck** einer Fairness Opinion ist es vielmehr – im Gegensatz zu einer Unternehmensbewertung oder Abschlussprüfung –, die zuständigen Unternehmensorgane bei der Absicherung und Dokumentation der für die Durchführung von Transaktionen herangezogenen Entscheidungsgrundlagen zu unterstützen.

Auf diese Weise können sie bekunden, dass Entscheidungsträger auf der Basis angemessener Informationen im Sinne der in § 93 Abs. 1 S. 2 AktG fixierten aktienrechtlichen Sorgfaltspflichten gehandelt haben. Eine Fairness Opinion ist somit das Instrument zur Absicherung in Entscheidungsprozessen für Vorstände, Aufsichtsräte, Beiräte, GmbH-Geschäftsführer und GmbH-Gesellschafter sowie weitere zuständige Entscheidungsgremien.

Notwendigkeit zur Absicherung von Entscheidungen

Bewertungsfragen gehören zu den schwierigsten betriebswirtschaftlichen Themenkomplexen, mit denen sich ein Unternehmen im Rahmen unternehmerischer Initiativen auseinandersetzen muss. Regelmäßig sind für den Erwerber Kaufpreise und für den Veräußerer Verkaufspreise zu ermitteln. Dabei ist jeweils dafür Sorge zu tragen, dass sich der Verkäufer bzw. umgekehrt ein potenzieller Käufer durch den Verkauf bzw. Kauf finanziell nicht schlechterstellt als bei der Nichtdurchführung der Transaktion. Insbesondere in nicht **inhabergeführten Unternehmen**, bei denen angestellte Manager ihre strategischen Entscheidungen im Interesse der Eigentümer zu treffen haben, stellt sich die Frage nach der finanziellen Angemessenheit von Transaktionspreisen. Der Begriff **„Transaktion"** muss hierbei weit gefasst werden. Nicht nur Käufe und Verkäufe ganzer Unternehmen, auch andere unternehmerische Initiativen sollten durch eine neutrale Beurteilung abgesichert werden. Neben externen Anlässen können auch (konzern) interne Beweggründe maßgeblich für die Transaktion sein.

Der Anwendungsbereich von IDW S 8 ist in der Praxis weit zu fassen. Gegenstand der Überprüfung der Angemessenheit von Transaktionswerten sind nicht nur externe, sondern oftmals auch (konzern)interne Vorgänge.

Beispiel zur Notwendigkeit der Absicherung

Um – trotz eines bestehenden handelsrechtlichen Verlustvortrags – einen Bilanzgewinn auszuweisen, plant die Muttergesellschaft, ein bislang direkt gehaltenes Tochterunternehmen an eine andere Tochtergesellschaft, d. h. konzernintern, weiterveräußern, um auf diese Weise stille Reserven zu heben und damit die eigene Ausschüt-

tungsfähigkeit – zugunsten der Aktionäre der Konzernmutter – herzustellen.

Sind an der zu veräußernden und/oder an der übernehmenden Tochtergesellschaft Fremdgesellschafter beteiligt, ist der Aufsichtsrat des Mehrheitseigentümers (= Muttergesellschaft) i. d. R. gut beraten, eine Fairness Opinion bei einem unabhängigen und neutral agierenden Wirtschaftsprüfer erstellen zu lassen. Denn auf diese Weise kann der Muttergesellschaft bescheinigt werden, dass der Verkauf der Tochtergesellschaft an eine andere Tochtergesellschaft zu Bedingungen bzw. Konditionen erfolgt, die auch unter fremden Dritten vereinbart worden wären.

Gerade auch mit Blick auf die infolge zahlreicher Skandale verschärften aktienrechtlichen Sorgfaltspflichten, der sogenannten Business Judgement Rule (§ 93 Abs. 1 S. 2 AktG bzw. § 116 AktG), kann es erforderlich sein, strategische Entscheidungen durch die Inauftraggebung einer Fairness Opinion i. S. v. IDW S 8 bei einem unabhängigen Wirtschaftsprüfer abzusichern. Insbesondere Aufsichtsräte können die Möglichkeit ergreifen, unternehmerische Entscheidungen von einer unabhängigen dritten Seite absichern zu lassen, um damit ihren Sorgfaltspflichten Rechnung zu tragen.

Eine Fairness Opinion nach IDW S 8 dient den Organen der Gesellschaft zur Absicherung ihrer Entscheidungen im Rahmen ihrer ihnen vom Gesetzgeber auferlegten Sorgfaltspflichten.

Erstellung einer Fairness Opinion

Anforderungen

Was die Anforderungen an die Erstellung einer Fairness Opinion betrifft, gibt es keine konkreten gesetzlichen Vorgaben. Der Standard liefert hierzu allerdings wesentliche Eckpunkte, z. B.:

- Anlass und Festlegung des Auftrags
- Mitwirkungspflichten des Auftraggebers
- Festlegung der benötigten Dokumente sowie des Beurteilungsmaßstabs
- Form und Umfang der Fairness Opinion

Die Entscheidung über die Beauftragung obliegt stets dem Auftraggeber als Adressaten der Fairness Opinion. Der Wirtschaftsprüfer hat seinerseits vor der Auftragsannahme dafür Sorge zu tragen, dass die zu erstellende Fairness Opinion nicht gegen allgemeine Berufspflichten verstößt; zu nennen sind hier insbesondere die gebotene Unabhängigkeit und Unparteilichkeit, die beispielsweise durch bereits anderweitig geleistete bzw. parallel abzuwickelnde Aufträge für den Auftraggeber der Fairness Opinion (Jahresabschlussprüfung oder Transaktionsberatung, die nicht unmittelbar der Erstellung der Fairness Opinion geschuldet ist) beeinträchtigt sein kann.

Methodik

Im Mittelpunkt der Auftragsdurchführung steht die Frage der **finanziellen Angemessenheit** des zu beurteilenden Transaktionspreises. Finanzielle Angemessenheit liegt vor, wenn der im Rahmen der Fairness Opinion zu beurteilende Transaktionspreis innerhalb einer Bandbreite von zum Vergleich herangezogenen Transaktionspreisen liegt (**Maßstabsfunktion**). Dabei ist die finanzielle Angemessenheit des Transaktionspreises durch den unabhängigen und eigenverantwortlichen Wirtschaftsprüfer aus Sicht des bzw. der Auftraggeber der Fairness Opinion – Käufer oder Verkäufer – zu beurteilen (**Adressatenbezug**), was auch die Erfassung von Synergien und weiteren subjektiven Werttreibern mit einschließen kann. Generell ist die Wertabhängigkeit vom Zeitpunkt der Transaktionsentscheidung zu beachten (**Stichtagsbezug**).

Da der Begriff der finanziellen Angemessenheit nicht gesetzlich definiert ist, erfolgt die Beurteilung i. d. R. über kapitalwertorientierte Bewertungsverfahren (Ertragswert- bzw. DCF-Verfahren) sowie durch Analysen von Börsenkursen des Transaktionsobjekts und Branchenmultiplikatoren, die beide zu den marktpreisorientierten Verfahren zählen. Bei der Verwendung von Multiplikatorverfahren kann dabei sowohl auf Marktpreise vergleichbarer gelisteter Unternehmen (Trading Multiples) als auch auf bei vergleichbaren Transaktionen registrierte Preise (Transaction Multiples) Bezug genommen werden. Als Bezugsgröße dienen je nach Aussagekraft Umsatz, EBITDA, EBIT und der Jahresüberschuss.

> **!** Bei der Beurteilung der Angemessenheit von Transaktionspreisen ist auf allgemein anerkannte Bewertungsmethoden Bezug zu nehmen. Verbindliche Vorgaben zu den Verfahren existieren nicht.

Neben den kapitalwert- und marktpreisorientierten Verfahren spielen ergänzende Informationen, speziell Analysen und Stellungnahmen von Finanzanalysten und Kreditinstituten, sowie beobachtete Übernahmeprämien bei vergleichbaren Unternehmen und Transaktionen eine wichtige Rolle.

Zu betonen ist, dass bei der Beurteilung der finanziellen Angemessenheit zwischen dem Veräußerungs- und dem Erwerbsfall zu unterscheiden ist – obwohl die grundsätzlich heranzuziehenden Bewertungsmethoden für beide identisch sind. Für den Veräußerungsfall ist eine Preisuntergrenze, für den Erwerbsfall eine Preisobergrenze zu ermitteln.

Ziel der Fairness Opinion ist es, eine Bandbreite zulässiger Wertansätze zu ermitteln. Hierbei ist neben Kapitalwertbetrachtungen auch auf Marktpreise und weitere einschlägige Informationen Bezug zu nehmen.

Auftragsdurchführung

Zu Beginn der Auftragsdurchführung steht die Einholung von Informationsgrundlagen, weil eine hinreichende Informationsbasis die Grundvoraussetzung für eine qualitativ hochwertige und aussagekräftige Fairness Opinion darstellt. Dabei ist insofern wiederum zwischen dem Veräußerungs- und dem Erwerbsfall zu differenzieren. Bei Ersterem hat der Wirtschaftsprüfer i. d. R. Zugriff auf unternehmensinterne Informationen (Buchhaltungsdaten, Planbilanzen und Plan-GuV, Steuerbescheide bzw. -erklärungen u. Ä.). Bei Letzterem gestaltet sich die Informationsbeschaffung hingegen schwieriger, weil der (unternehmensexterne) Erwerber i. d. R. keinen Zugang zu Planungsrechnungen des Unternehmens hat. Somit ist in erster Linie auf Analysen und Einschätzungen des Auftraggebers abzustellen, die vom Wirtschaftsprüfer um öffentlich verfügbare Informationen zu ergänzen sind.

Berichterstellung

Der Bericht bzw. die Berichterstellung zur Fairness Opinion besteht aus drei Bestandteilen – wobei zu beachten ist, dass der Factual Letter fakultativ zu erstellen ist.

- Im **Opinion Letter**, der an den Auftraggeber gerichtet ist, nimmt der Wirtschaftsprüfer in der gebotenen Kürze zur finanziellen Angemessenheit des Transaktionspreises Stellung. Dazu gehören neben allgemeinen Angaben wie Auftragsbedingungen und Verwendungszweck u. a. auch die Beschreibung der unternehmerischen Initiative, die Erläuterung von Informationsbasis, Beurteilungsmaßstab und angewandten Verfahren sowie eine standardisierte Schlusserklärung, ob der Transaktionspreis aus finanzieller Sicht (i. S. d. IDW S 8) angemessen ist. In der Regel umfasst der Opinion Letter drei bis sechs Seiten.
- Das **Valuation Memorandum** ergänzt den Opinion Letter ausführlich um die detaillierte Erläuterung der für die Prüfung der Angemessenheit verwendeten Informatio-

nen, Bewertungsmethoden und Bewertungsergebnisse. Zudem werden Informationen zum Umfang und zur Qualität der Datengrundlage sowie zum Umfang von Schätzungen erteilt. Besonders im Mittelpunkt steht dabei die Darstellung des Beurteilungsmaßstabs: Die angewandten Methoden und Verfahren sind präzise darzustellen. Bei der Anwendung von Gesamtbewertungsverfahren (Ertragswert- bzw. DCF-Verfahren) betrifft dies insbesondere die Prognose der finanziellen Überschüsse und die Ermittlung des Kapitalisierungszinses. Des Weiteren ist auf die Qualität verwendeter Multiplikatoren von Vergleichsunternehmen sowie auf verfügbare Marktpreise einzugehen.

- Der wahlweise zu erstellende **Factual Letter** stellt alle wesentlichen vom Auftraggeber zur Verfügung gestellten und vom Wirtschaftsprüfer für die Angemessenheitsbeurteilung herangezogenen vertraulichen Informationen und Unterlagen zusammen und dient damit der Dokumentation der erhaltenen und verarbeiteten Unterlagen und Informationen.

Absicherung durch Fairness Opinion

Nicht zuletzt um potenziellen Schadensersatzansprüchen aufgrund einer bestimmten Unternehmenstransaktion zu entgehen, wird die Absicherung von getroffenen Entscheidungen der verantwortlichen Akteure immer wichtiger. Das gilt für die verantwortlichen Unternehmensorgane wie Aufsichtsräte und Vorstände, ebenso wie für die Anteilseigner des betreffenden Unternehmens.

Durch eine nach den berufsständischen Grundsätzen erstellte Fairness Opinion i.S.v. IDW S 8 erfolgt eine Stellungnahme zur finanziellen Angemessenheit einer Unternehmenstransaktion durch einen sachverständigen Dritten und damit eine unabhängige und objektive Dokumentation der getroffenen Unternehmensentscheidungen. In diesem Zusammenhang wird die Angemessenheit einer Transaktion dokumentiert und somit die Transparenz und Akzeptanz der getroffenen Entscheidungen gefördert. Eine nach den Grundsätzen des IDW S 8 erstellte Fairness Opinion kann daher zusätzliche Sicherheiten bei allen relevanten Entscheidungen bringen – für den Jahresabschluss, die Haupt- oder Gesellschafterversammlung, aber auch gegenüber dem Fiskus –, indem sie den verantwortlichen Entscheidungsträgern bescheinigt, auf der Grundlage angemessener Informationen und im Rahmen ihrer Sorgfaltspflichten gehandelt zu haben.

Im Ergebnis profitieren alle: Die Unternehmensorgane erhalten zusätzliche Sicherheit bei ihrer Entscheidungsfindung, zugleich dient die Einschätzung eines unabhängigen Dritten den Anteilseignern. Entscheidungen zum Nachteil des Unternehmens können so vermieden und bestehende Risiken deutlich reduziert werden. Auf der Grundlage von Fairness Opinions können die Organe ihren Sorgfaltspflichten Rechnung tragen, denn bei jeder unternehmerischen Entscheidung gilt: Vorausschauende Absicherung ist besser als eine zurückblickende Fehlentscheidung.

Eine Absicherung durch eine Fairness Opinion nimmt auf die allgemein anerkannten Grundsatze der (Unternehmens-)Bewertung Bezug.

Praxisempfehlungen

Egal aus welchem Anlass, nach welchem Verfahren und zu welchem Zweck eine Unternehmensbewertung durchgeführt wird, ist allen Bewertungen gemein, dass ihre Akzeptanz und Validität dann steigt, wenn die einzelnen Bewertungsannahmen und -schritte klar nachvollziehbar sind.

In der mittelständischen Bewertungspraxis dominiert nach wie vor das Ertragswertverfahren als Grundlage der Unternehmensbewertung. In diesem Zusammenhang stellt IDW S 1 allgemein akzeptierte und von Rechtsprechung und Bewertungspraxis anerkannte Regelungen dar.

Die Dominanz des Ertragswertverfahrens in der nationalen Bewertungspraxis ist nicht zuletzt auf die vergleichsweise einfache Bezugnahme auf in der Regel testierte Vergangenheitsdaten der Zielgesellschaft und eine damit verbundene (vermeintlich einfache) Überleitung zu nachhaltigen Zukunftserfolgswerten zurückzuführen. Auch wenn der Ertragswertmethode und den verschiedenen Ausprägungen der DCF-Verfahren konzeptionell unterschiedliche Ansätze zugrunde liegen, führen – bei zutreffender Anwendung – alle Bewertungsmethoden zum gleichen Ergebnis.

Die verschiedenen DCF-Verfahren, die die Ermittlung des Marktwerts des Eigenkapitals zum Ziel haben, lassen sich in Entity- oder Equity-Ansätze unterscheiden. Zwar weichen die Rechenwege voneinander ab, das Bewertungsergebnis ist indes immer gleich.

Die Unternehmensbewertung kann zu verschiedenen Anlässen und in verschiedenen Zusammenhängen erforderlich sein. Neben einmaligen Anlässen (z. B. erbschaftsteuerliche Fragen) können auch regelmäßige Bewertungserfordernisse (z. B. Werthaltigkeitsüberprüfungen nach HGB oder IFRS) gegeben sein, bei denen jeweils der relevante Rechtsrahmen zu beachten ist. Neben gesetzliche Bewertungspflichten treten in der Praxis auch fakultative Bewertungsanlässe.

Auch wenn der Grundsatz jeder (Unternehmens-) Bewertung auf die einfache Formel „Bewerten heißt vergleichen" zurückzuführen sein mag, so gilt dennoch: Jede Unternehmensbewertung ist anders und muss sich dabei nach den Besonderheiten des Bewertungsobjekts, den agierenden Parteien sowie der Ausgestaltung der gesamten Transaktion richten. Entscheidend für die Akzeptanz einer Unternehmensbewertung ist deren **Nachvollziehbarkeit**. Nur wenn alle bewertungsrelevanten Faktoren offengelegt werden, lassen sich Folgeentscheidungen, die auf Unternehmensbewertungen Bezug nehmen, angemessen treffen. Insoweit dienen aussagekräftige Unternehmensbewertungen auch der Absicherung von Entscheidungen.

> So sehr sich Bewertungsmodelle standardisieren lassen, so sehr muss bei jeder Bewertung den individuellen Erfordernissen Rechnung getragen werden. Denn es gilt: Jede Unternehmensbewertung ist anders!

Stichwortverzeichnis

Der Autor

Dr. Christian Zwirner ist Wirtschaftsprüfer und Steuerberater in München. Er ist Geschäftsführer der Dr. Kleeberg & Partner GmbH WPG StBG mit Sitz in München und Hamburg.

Der Autor setzt sich in seiner täglichen Praxis mit zahlreichen Bewertungsfragen auseinander. Hierzu gehören neben Unternehmensbewertungen zu Zwecken der Kaufpreisermittlung auch Beteiligungsbewertungen, Kaufpreisallokationen sowie Impairment Tests. Er ist zudem Verfasser verschiedener Fachbeiträge zu Fragestellungen der Unternehmensbewertung und referiert auch hierzu. Darüber hinaus ist er Lehrbeauftragter an den Universitäten Ulm und Regensburg im Bereich Wirtschaftsprüfung.

Der Autor dankt Herrn Dr. Jörg Mugler und Herrn Gregor Zimny für ihre Unterstützung bei der Erstellung des vorliegenden Werks.

Weitere Informationen unter www.kleeberg-unternehmensbewertung.de

Impressum:
Verlag C. H. Beck im Internet: www.beck.de
ISBN: 978-3-406-64082-7

Wilhelmstraße 9, 80801 München
Lektorat und Layout: Text+Design Jutta Cram, 86157 Augsburg, www.textplusdesign.de
Satz: Datagroup int. SRL, 300665 Timișoara, România
Umschlaggestaltung: Bureau Parapluie, 85253 Großberghofen
Umschlagbild: © Petr Ciz – istockphoto.com
Druck und Bindung: Beltz Bad Langensalza GmbH, Neustädter Str. 1-4, 99947 Bad Langensalza

Gedruckt auf säurefreiem, alterungsbeständigem Papier
(hergestellt aus chlorfrei gebleichtem Zellstoff)

Notizen

Notizen